Warum Piloten glückliche(re) Menschen sind ...

Diana von Kopp ist Diplom-Psychologin und selbstständig als Dozentin, Coach und Leadership-Trainerin; unter anderem trainiert sie Piloten in Führungskompetenzen. Sie lebt und arbeitet in Heidelberg und Berlin.

Diana von Kopp

Warum Piloten glückliche(re) Menschen sind …

und was wir von ihnen lernen können

Mit Zeichnungen von Sonja Hansen

Diana von Kopp
Heidelberg
Deutschland

ISBN 978-3-662-45338-4   ISBN 978-3-662-45339-1 (eBook)
DOI 10.1007/978-3-662-45339-1

Die Deutsche Nationalbibliothek verzeichnet diese Publikation in der Deutschen Nationalbibliografie; detaillierte bibliografische Daten sind im Internet über http://dnb.d-nb.de abrufbar.

Springer Spektrum
© Springer-Verlag Berlin Heidelberg 2015
Das Werk einschließlich aller seiner Teile ist urheberrechtlich geschützt. Jede Verwertung, die nicht ausdrücklich vom Urheberrechtsgesetz zugelassen ist, bedarf der vorherigen Zustimmung des Verlags. Das gilt insbesondere für Vervielfältigungen, Bearbeitungen, Übersetzungen, Mikroverfilmungen und die Einspeicherung und Verarbeitung in elektronischen Systemen.
Die Wiedergabe von Gebrauchsnamen, Handelsnamen, Warenbezeichnungen usw. in diesem Werk berechtigt auch ohne besondere Kennzeichnung nicht zu der Annahme, dass solche Namen im Sinne der Warenzeichen- und Markenschutz-Gesetzgebung als frei zu betrachten wären und daher von jedermann benutzt werden dürften.
Der Verlag, die Autoren und die Herausgeber gehen davon aus, dass die Angaben und Informa-tionen in diesem Werk zum Zeitpunkt der Veröffentlichung vollständig und korrekt sind. Weder der Verlag noch die Autoren oder die Herausgeber übernehmen, ausdrücklich oder implizit, Gewähr für den Inhalt des Werkes, etwaige Fehler oder Äußerungen.

Planung und Lektorat: Frank Wigger, Anja Groth
Zeichnungen: Sonja Hansen
Einbandentwurf: deblik, Berlin
Einbandabbildung: Sonja Hansen

Gedruckt auf säurefreiem und chlorfrei gebleichtem Papier

Springer-Verlag Berlin Heidelberg ist Teil der Fachverlagsgruppe Springer Science+Business Media (www.springer.com)

Vorwort

Piloten sind glückliche Menschen. Wenn ich mit Piloten zusammenarbeite, passiert es häufiger, dass ich das feststelle. Meine Entdeckungsfreude in dieser Hinsicht wurde auf einem Provinzflughafen während eines Praktikums im Büro einer rheinländischen Fluggesellschaft geweckt. Wann immer sich eine Gelegenheit fand, den Kopier- und Sortieraufträgen zu entkommen, begab ich mich in den Hangar, wo die Flugzeuge gewartet wurden. Neben den Technikern waren dort auch die Piloten anzutreffen. *Piloten haben bessere Laune als die Leute im Büro*, stellte ich jedes Mal aufs Neue fest, sobald mir einer begegnete. Irgendwann bot mir einer dieser Gutgelaunten an, eine Runde mitzufliegen – woraus dann mein täglicher Feierabendflug nach Büroschluss wurde. Bei den Flugzeugen handelte es sich um kleine Propellermaschinen, für kaum mehr als eine Handvoll Passagiere – vorwiegend Geschäftsreisende. Das Bedürfnis selbst zu fliegen habe ich nie verspürt, viel lieber schaute ich zu und nutzte dafür zahlreiche Gelegenheiten (später auch als Flugbegleiterin bei der Deutschen Lufthansa), während Start und Landung im Cockpit zu sitzen. Selten habe ich so konzentrierte Menschen erlebt wie Piloten während der Start- und Landephasen. Selbst wenn ein Flugzeug von Seitenwinden erfasst wurde, Nebelbänke die Sicht einschränkten oder Regen niederprasselte, die Piloten schienen ein mentales Programm abzuarbeiten, das ihnen völlige Sicherheit gab. Mein Interesse für die Luftfahrt und dahinterstehende Prozesse weitete sich rasch aus. Ich nahm ein Studium auf, in Psychologie und Human Resource Management, ließ mich zur Trainerin für „Crew Resource Management"-Seminare ausbilden und erkannte, dass es kaum eine Branche gibt, die auf dem Gebiet des sogenannten *human factor* so weit entwickelt ist und sich stetig weiterentwickelt. Ich erlebte die Einführung des 360-Grad-Feedbacksystems bei der Deutschen Lufthansa, eines Instruments, das sich im Laufe der Zeit bei zahlreichen Unternehmen etabliert hat. Aus Sicherheitsgründen sind Hierarchien im Flugzeug bewusst flach gehalten. Jeder soll jedem zu jedem Zeitpunkt Hinweise geben dürfen. Piloten werden in speziellen Führungskräfteseminaren geschult, offen zu kommunizieren und Fehler einzugestehen. Vor einigen Jahren war ich daran beteiligt, solch ein Führungskompetenzseminar für Piloten der Condor Flugdienst GmbH zu entwickeln. Seit diesem Zeitpunkt habe ich mehrere hundert Piloten in diesem sogenannten Leadership Competence Course geschult. Aus diesen Seminaren und aus der Zusammenarbeit mit meinen Moderationskollegen, allesamt Flugkapitäne, beziehe ich mein „Insiderwissen", das zusammen mit meinen früheren Erfahrungen die Basis dieses Buches ist. In den besonderen Fähigkeiten und Kenntnissen von Piloten steckt vieles, das auch für uns in unserem bodenständigen Alltag nützlich sein kann. In den Kapiteln dieses Buches werden Sie zahlreiche Hinweise dieser Art eingestreut finden. Und in der Zusammenfassung am Ende gibt es noch einmal einen kompakten Überblick über diese Instrumente, die Sie bei Gelegenheit natürlich für sich im Alltag ausprobieren dürfen.

Viel Glück dabei! Ihre Diana von Kopp

Danksagung

Danken möchte ich allen Pilotinnen und Piloten, mit denen ich zusammenarbeiten und von denen ich lernen durfte. Besonderer Dank gilt meinem langjährigen Freund und Flugkapitän Michael Schober, der für sämtliche technische Rückfragen allzeit erreichbar war und der mit seiner Begeisterung für dieses Projekt für die notwendige Motivation gesorgt hat. Dass ich Sonja Hansen als Illustratorin gewinnen konnte, sehe ich als meinen persönlichen „Glücksfaktor" für dieses Buch. Danke, Sonja, für die gute Laune verbreitenden Skizzen. Weiterhin danke ich dem Springer-Verlag, insbesondere Frank Wigger und Anja Groth für die gute Zusammenarbeit. Danke allen Lesern, Freunden und Familienmitgliedern, insbesondere Lilli, Emma, Levi und Mark, dafür, dass es Euch gibt.

Noch ein wichtiger Hinweis vor dem Start: Wann immer in der maskulinen Form von Piloten gesprochen wird, ist das ausschließlich dem Lesefluss geschuldet. Selbstredend sind damit auch alle Pilotinnen gemeint, von denen es hoffentlich bald noch viel mehr geben wird!

Inhalt

Vorwort. V

Danksagung IX

Inhalt XI

1 Warum Piloten beim Küssen an die Landung denken. 1

2 Warum Piloten bei defekten Glühbirnen an Alligatoren denken 5

3 Wann Sie einen Piloten ansprechen dürfen und wann besser nicht. 9

4 Warum wir pünktlich zum Boarding erscheinen sollen 15

5 Warum Erfahrung nicht immer klug macht 19

6 Warum sich Piloten keine Illusionen machen und wir uns auch keine machen sollten. 25

7 Warum ein Nickerchen in Ehren niemand verwehren kann. 33

8	Warum Piloten Dinge sehen, mit denen wir nicht rechnen	37
9	Was Geburtshelfer und Piloten gemeinsam haben	41
10	Was Zugbegleiter von Piloten lernen können	45
11	Warum Piloten selten etwas von der Kasse zurück ins Regal tragen	51
12	Warum Piloten aus Fehlern klug werden	55
13	Warum Piloten einen an der Waffel haben und wir von ihnen profitieren	61
14	Warum Piloten Kommunikationstalent brauchen	65
15	Warum es manchmal so schwer ist, die eigene Meinung zu vertreten	71
16	Warum Piloten, wenn sie „briefen", keine Briefe tippen	79
17	Warum wir wollen, dass Piloten Helden sind und wir sie heimlich bewundern	85
18	Warum sich Piloten mit Kompromissen nicht zufriedengeben	91
19	Warum Piloten streiken	97

Inhalt XIII

20 Warum Piloten häufiger simulieren 103

21 Warum Verlieben die beste Strategie
gegen Flugangst ist 107

22 Warum Piloten glücklichere Menschen sind 113

23 Das bisschen Fliegen 119

24 Zusammenfassung und Checkliste für
den Flug durchs Leben......................... 125

Glossar 129

Literatur 137

Sachverzeichnis 141

1
Warum Piloten beim Küssen an die Landung denken

„Kiss and Fly" – so heißt tatsächlich ein Parkplatz am Frankfurter Flughafen. Er befindet sich direkt vor den Hauptgebäuden der Deutschen Lufthansa, ganz in der Nähe der Abflughalle, dort wo die Taxifahrer ihren Kiosk haben und darauf warten, dass sie an der Reihe sind. Während die Taxifahrer also im Sommer auch schon mal eine Runde Backgammon auf dem Bordstein spielen, haben sie eine prima Sicht auf die ankommenden Pilotinnen und Piloten, Flugbegleiterinnen und Flugbegleiter. Bevor diese hinter dem Drehkreuz verschwinden, in Richtung Crew Check-in, gibt's einen letzten Schmatzer für die Liebste oder den Liebsten und im Gegenzug vielleicht das Versprechen, nach der Landung wieder an derselben Stelle abgeholt zu werden. Der Parkplatz hat nur ein paar Stellplätze, und genau genommen ist es eher ein Bring- und Abholplatz – oder eben ein Treffpunkt zum Küssen, sofern man nichts dagegen hat, dass Kollegen und die Taxifahrer einem dabei zuschauen.

Die meisten Piloten küssen gerne, genauso wie sie gerne landen. Start und Landung zählen zu den aufregendsten Momenten eines Fluges. Alles davor, dazwischen und danach ist eher Routine. Aber Start und Landung, die sind immer wieder neu und aufregend.

Das ist wie beim ersten Date. Da ist der Ausgang auch ungewiss, und man muss sich schon ins Zeug legen, um beim anderen zu landen. Das hängt dann stark von den Vorbereitungen ab, von der Tagesform und zugegeben auch ein bisschen vom Training. Die einen sind routinierter, andere machen sich vor Aufregung ins Hemd, je nach Alter und Erfahrung. Beim ersten Date sind Sie garantiert mit allen Sinnen bei der Sache. Wenn Sie gerade das Gefühl haben, jetzt läuft es richtig gut, und Sie kurz davor sind innerlich abzuheben, ist das kein guter Zeitpunkt für Unterbrechungen von außen. Ähnliches gilt für einen Piloten während des Starts. Um seinen Flieger in die Luft zu bekommen, braucht es Konzentration. Sämtliche Lämpchen müssen auf Grün stehen und das *Go* des Lotsen muss vorhanden sein.

Etwas entspannter wird es, sobald eine bestimmte Flughöhe erreicht ist, bei schönem Wetter sind das 10.000 Fuß oder 3300 m. Das ist der Zeitpunkt, zu dem die Anschnallzeichen ausgehen und die Flugbegleiter anfangen geschäftig herumzuwuseln. Ab 33.000 Fuß oder 10.000 m beginnt der Reiseflug, und da ist auch schon mal Zeit für einen Kaffee zwischendurch oder eine Auskunft.

Wenn Sie mit Ihrem Date entspannt ins Plaudern gekommen sind und der Nachbar klingelt, um zu fragen, ob Sie in seiner Abwesenheit ein Paket annehmen können, willigen Sie wahrscheinlich ohne Umstände ein. Diese Hilfsbereitschaft verfliegt, je intensiver Sie Ihre Aufmerksamkeit darauf richten, bei Ihrem Gegenüber zu landen. Für einen Piloten bedeutet die Landung eine Zeit höchster Konzentration.

Er muss auf die Anweisungen des Lotsen achten, die richtigen Knöpfe drücken und gegenchecken. Auch wenn er jetzt am liebsten sein Ding durchziehen würde, muss er sich immer wieder rückversichern, ob die äußeren Parameter stimmen. Gefahren zu ignorieren, um ein Ziel unbedingt zu erreichen, gilt in der Luftfahrt als absolutes Tabu. Mehrfach wird die Geschwindigkeit gecheckt, auf die richtige Höhe und den passenden Winkel geachtet. Sobald ein Pilot merkt, dass diese drei Dinge von einem optimalen Verhältnis zueinander abweichen, bricht er den Anflug ab und fliegt noch eine Runde. So etwas heißt dann *go-around* nach *missed approach* (also Durchstarten nach missglücktem Anflug). Ganz locker wird dabei so lange probiert, bis alles passt und er oder sie bereit zur Landung ist. Jegliche Störung ist spätestens jetzt völlig tabu. Es gibt eigentlich so gut wie keinen Grund, außer Feuer, Piloten im Anflug zu stören. Ein *go-around* ist so etwas wie ein Joker, und man kann nicht beliebig viele davon ziehen, irgendwann ist der Treibstoff aufgebraucht. Nun muss er also erfolgen, der *touch down* – die Landung. Es hängt unter anderem von den äußeren Umständen ab, ob es eher eine harte oder weiche Landung wird. Manchmal sind harte Landungen richtig gut, und solche die man kaum spürt, sind es gar nicht. Es ist ein verbreiteter Irrtum zu glauben, eine Landung müsse weich sein. Wie beim Händedruck sollte es weder zu lasch noch zu kräftig zugehen. Als Passagier dürfen Sie jetzt gerne klatschen. Da sind Piloten auch nur Menschen, wenn sie sich hinterher fragen, „Wie war ich?" Was Sie unbedingt vermeiden sollten, ist Kritik in jeglicher Form, es sei denn, das Fahrwerk steckt im Rumpf und Ihr Herz vor Schreck in der Hose. Dann haben Sie Recht auf Schadenersatz, aber wirklich nur dann.

Nach der Landung sind Piloten erst mal erledigt. Schnell noch ein paar Checklisten lesen und ab ins Hotel, ein kleines Nickerchen und auf zum *Afterlanding*. So heißt die übliche Sause am Abend. Ein paar Bierchen, Stewardess unter den Arm und ab ins Bett – so will es das Klischee. Nein, im Ernst: Piloten sind ganz vernünftige Menschen, die auf ihre Mindestruhezeiten achten und am nächsten Tag ausgeruht zum Dienst erscheinen. Was zwischendrin passiert, bleibt ein Dienstgeheimnis.

2
Warum Piloten bei defekten Glühbirnen an Alligatoren denken

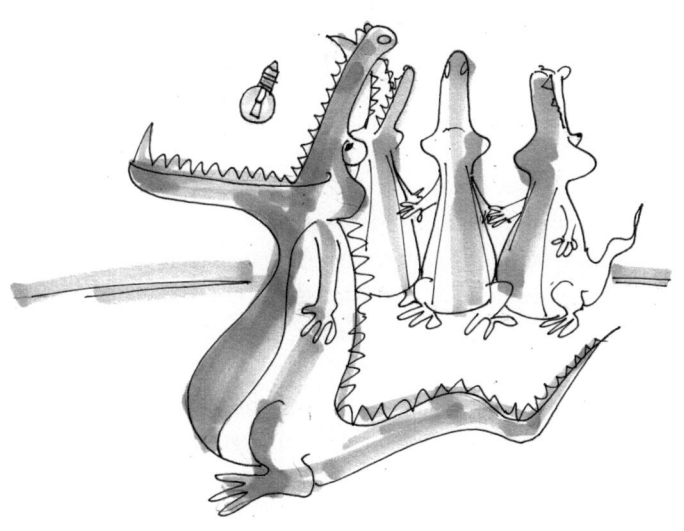

Wenn bei Ihnen zu Hause das Licht ausgeht, ohne dass Sie zuvor den Schalter betätigt haben, machen Sie sich vermutlich sofort auf die Suche nach der Ursache. Sie schließen einen Stromausfall aus, indem Sie eine andere Lampe anknipsen, und schauen dann nach, ob Sie im Regal eine neue Glühbirne finden. Die meisten Leute haben kein Problem mit kaputten Glühbirnen und wechseln sie kurzerhand aus. Für so etwas braucht man noch nicht einmal einen Elektriker… Das hatten sich auch zwei Piloten gedacht und waren darüber so vertieft, dass sie den Sinkflug ihres Flugzeuges nicht bemerkten. Noch bevor sie sich im Klaren waren, dass sie wegen einer Kleinigkeit wie einer Glühbirne die Kontrolle über ihr Flugzeug verloren, waren sie in die Everglades gestürzt. Außer dem letzten Dialog auf der Blackbox blieb nichts von ihnen übrig, denn es wimmelt in dem sumpfigen Gewässer vor hungrigen Alligatoren. Das letzte Gespräch drehte sich übrigens darum, ob man die Abdeckung über dem Warnlämpchen besser mit einem Taschentuch oder einem Kleenex aus der Halterung nimmt.

Dieser Vorfall ereignete sich im Jahre 1976 und dient in der Pilotenausbildung als aufrüttelndes Beispiel dafür, was passiert, wenn man das Wesentliche aus dem Auge verliert. Ein Pilot ist dazu angehalten, sein Flugzeug zu jedem Zeitpunkt sicher zu fliegen. Der offizielle Leitsatz heißt „Fly the Aircraft". Egal was passiert, die Kontrolle über das Flugzeug muss im Vordergrund stehen. Das ist sozusagen die A-Aufgabe, wichtig und dringend zugleich. B-, C- und D-Aufgaben müssen warten oder delegiert werden. Damit es leichter fällt, B-, C- und D-Aufgaben voneinander zu unterscheiden, gibt es ein weiteres Prinzip, an das Piloten sich halten: das Eisenhower-Prinzip. Entwickelt wurde es vom General und späteren US-Präsidenten Dwight D. Eisenhower, der damit angesichts seiner umfangreichen Aufgaben besser Herr der Lage zu sein hoffte. Das Prinzip lernt jeder Pilot im Laufe seiner Ausbildung, und es ist so einfach wie bewährt, dass es sich auch für Sie zu kennen lohnt.

Die beiden Dimensionen, nach denen Aufgaben unterteilt werden, sind Wichtigkeit und Dringlichkeit. Es gibt Dinge, die sind zwar wichtig, aber nicht dringend, Kontrollbesuche beim Zahnarzt etwa oder die Steuererklärung. Hat man diese Dinge zu lange vor sich hergeschoben, ändert sich irgendwann der Status in wichtig *und* dringend. Dann sollte man sie auf die oberste Stelle seiner Prioritätenliste setzen. Andere Dinge wiederum scheinen dringend zu sein, sind dabei aber gar nicht besonders wichtig. Aufdringliche Werbebotschaften etwa, die uns glauben machen wollen, dass wir etwas unbedingt sofort haben müssen. Oder Leute am Telefon, die „dringend" etwas besprechen müssen, das sich hinterher als ziemlich unwichtig herausstellt. Diese scheinbar dringenden Angelegenheiten haben etwas an sich, das den Großteil unserer Aufmerksamkeit auf sich zieht. Sie können so hartnäckig sein wie Kinder vorm Schokoladenregal an der Supermarktkasse oder eben wie blinkende Warnlämpchen. Die größte Gefahr besteht dabei, dass man sich vom Wesentlichen ablenken lässt, die Kreditkarte im Bezahlautomaten stecken lässt oder vergisst geradeaus zu fliegen. Noch banaler sind Aufgaben, die weder dringend noch wichtig sind. An einem Home-Office-Tag wiederholt den Kühlschrank zu inspizieren, festzustellen, dass er mal wieder geputzt werden könnte, und fluchend vor dem tropfenden Eisfach zu knien, ist wenig hilfreich, wenn es eigentlich ein wichtiges Meeting vorzubereiten gilt.

Einen Kuchen für den Basar selbst zu backen, wenn Backen noch nie zu den eigenen Stärken gezählt hat, führt möglicherweise zu keinem guten Verhältnis zwischen Aufwand und Ergebnis. Gleiches gilt für diverse Heimwerkertätigkeiten, bei denen es am Ende günstiger gewesen wäre, sie an einen Fachmann zu delegieren. Ist es da nicht ungleich besser, sich auf das Wesentliche zu besinnen, auf Dinge zum Beispiel, die leicht von der Hand gehen und Freude bringen? Welche das bei Ihnen sind? Vielleicht denken Sie beim nächsten Stromausfall mal in Ruhe darüber nach.

3
Wann Sie einen Piloten ansprechen dürfen und wann besser nicht

Gleich vornweg: Wenn Sie sich im ICE von Köln nach Frankfurt/Main Flughafen befinden und Ihr Gegenüber drei oder vier goldene Streifen auf der nachtblauen Uniform hat, lassen Sie es bleiben.

Im Zug wollen die wenigsten Piloten angesprochen werden. Deswegen ziehen sich viele auch erst am Flughafen um. Wenn dies aus organisatorischen Gründen nicht möglich ist, reisen sie in Uniform zum Dienst. Meistens sind sie dann keine guten Ansprechpartner, wenn es um Anschlusszüge geht. Ein Pilot kennt sich damit schlicht und ergreifend nicht aus, auch wenn er die Strecke häufiger fährt und gefühlte hundert Mal danach gefragt worden ist.

Zu wissen, worüber er spricht, liegt einem Piloten sehr am Herzen. Wenn Sie also unbedingt ins Gespräch kommen wollen, fragen Sie ihn wenn schon denn schon nach seinem Flugzeugtyp. Allerdings sollten Sie über solide Grundkenntnisse verfügen. Sobald er merkt, dass er es mit einem Laien zu tun hat, wird er einsilbig. So wie er es bei Fragen über seine Flugziele wird, was soll er darauf schon antworten, außer ja, ich war schon in Mumbay und nein, São Paulo liegt nicht in meinem Streckennetz. Die Übernachtungspreise der Jugendherberge in Bangkok wird er auch nicht nennen können, dort übernachtet er immer im Dusit Thani. (Wird er Ihnen aber auch nicht verraten, weil er niemanden neidisch machen möchte.) Versuchen Sie es mit Technik. Technische Gespräche wecken das Interesse von Piloten. Sollten Sie ein neues Apple-Produkt besitzen, dürfen Sie gerne damit vor seiner Nase herumwerkeln, vielleicht springt er an und fragt Sie nach Ihrer Meinung. Wenn Sie es jetzt geschickt anstellen, sind Sie bis zum Flughafen im Gespräch. Das technische Gespräch funktioniert übrigens auch bei einer Pilotin, auch wenn sie blond ist und hübsch. Sie hat es nicht aufgrund ihres guten Aussehens ins Cockpit geschafft und auch nicht, weil sie mit dem Kapitän geschlafen hat – was ohnehin eine Sisyphos-Aufgabe wär' bei der Unmenge an Flügen und Crewwechseln innerhalb eines Berufslebens –, sondern aufgrund ihres technischen Know-hows. Sie sollten also den Unterschied kennen zwischen einer Boeing und einem Airbus, was nicht weiter kompliziert ist, der eine hat ein Steuerhorn, der andere einen *Sidestick*, der eine hat eine Stupsnase, der andere kommt spitznäsig daher, bei der Boeing heißen die hochgestellten Tragflächenenden *Winglets*, beim Airbus *Sharklets*.

Bereiten Sie sich also besser etwas vor, bevor Sie eine Pilotin oder einen Piloten im Zug ansprechen.

Abends an der Bar haben Piloten übrigens kein Problem damit, als solche erkannt zu werden. Ein Dauerbrenner unter den Airline-Witzen ist folgender: „Woran erkennst du einen Piloten in der Disco? Antwort: Er erzählt es dir."

Pilotinnen in der Disco dürfen Sie gerne wie jede andere Frau, die Sie attraktiv finden, behandeln. Führen Sie jetzt bloß nicht auf Teufel komm raus technische Gespräche, auch nicht, wenn Ihre Geschirrspülmaschine gerade kaputt gegangen ist, sie wird sie Ihnen weder reparieren, noch das Geschirr spülen. Machen Sie lieber Komplimente. Gehen Sie aber ruhig davon aus, dass Sie sich ein wenig ins Zeug legen müssen. Die Frau arbeitet in einer Männerdomäne, das heißt, sie kennt sich aus mit Anmachsprüchen, auch mit guten Anmachsprüchen. Humor ist immer eine gute Sache. Welche Frau will nicht gerne zum Lachen gebracht werden. Versuchen Sie es mit einer netten Anekdote, auf keinen Fall mit Piloten- oder Blondinenwitzen, die kennt sie alle schon.

Einem Piloten dagegen dürfen Sie, wenn Sie eine Frau sind und ihn gerade erst in der Disco kennengelernt haben, ruhig ein paar von diesen Witzen erzählen. Vielleicht ist einer dabei, den er in der nächsten Männerrunde im Cockpit zum Besten geben kann. Die Wahrscheinlichkeit, dass er einen Witz schon kennt, steigt übrigens mit dessen Publikation im Playboy. Das ist ein Männermagazin, dessen Beliebtheit unter Piloten so hoch ist wie Tomatensaft unter Passagieren.

Um gleich mit einem Missverständnis aufzuräumen: Im Cockpit dürfen Piloten nur dienstliche Angelegenheiten lesen. Das hat wieder mit der Sicherheit zu tun und mit der Aufmerksamkeit, die zu jeder Zeit auf das Wesentliche, also auf das Flugzeug gerichtet sein muss.

Noch ein Ort, an dem Sie Piloten ansprechen dürfen, ist natürlich das Flugzeug, aber nur dann, wenn er oder sie nicht gerade mit den Vorbereitungen zum Start oder zur Landung beschäftigt ist. Am besten fragen Sie zuerst beim Purser nach.

Wenn Sie ein wirklich dringendes Anliegen oder eine Bitte haben, schnappen Sie sich den nächstbesten Flugbegleiter. Die kümmern sich um die Passagiere an Bord und kennen sich in der Regel ziemlich gut aus. Außerdem kommt ein Flugbegleiter leichter ins Cockpit, schicken Sie ihn notfalls mit Ihrer Bitte nach vorn und warten Sie, ob Sie eventuell eine Einladung bekommen. Wenn nicht, nehmen Sie es nicht persönlich, dann war vielleicht einfach keine Zeit. Oder die Tochter des Kapitäns fliegt auf dem *Jump Seat* mit, was den Copiloten stark damit beschäftigt sein lässt, sich aufs Wesentliche zu konzentrieren.

Fazit

✓ Piloten sind prinzipiell kommunikative Wesen, haben jedoch einen Job, bei dem sie sich konzentrieren müssen.
✓ Start und Landung sind für Störungen tabu.
✓ Im Reiseflug, an der Hotelbar und in der Disco dürfen Sie Ihr Glück gerne versuchen.
✓ Im ICE halten Sie sich besser an das Bahnpersonal.

4
Warum wir pünktlich zum Boarding erscheinen sollen

Je größer die Auslastung eines Flughafens, desto größer ist das Gedränge um die Start- und Landebahnen. Die Luftfahrtbranche rechnet mit einem jährlichen Wachstum von etwa 5 % und einer Verdopplung des bestehenden Verkehrsaufkommens bis zum Jahr 2030. Ist ein Flugzeug erst einmal in der Luft, besteht ausreichend Platz, am Boden dagegen gibt es schon jetzt vielerorts Warteschlangen. Damit einigermaßen der Überblick behalten wird, bekommen Flugzeuge Startzeiten zugeteilt, sogenannte Slots. Ein Slot ist eine Zeit, innerhalb derer ein Flugzeug gestartet sein muss. Ist ein Flugzeug nicht startklar, verfällt der Slot und ein neuer wird vergeben. Das kann innerhalb der nächsten zehn Minuten passieren oder zwei Stunden dauern, je nach Verkehrsaufkommen. Wenn ein Slot verfällt, bedeutet das mitunter eine längere Wartezeit am Boden. Das ist unangenehm für alle Beteiligten: Gäste, die Anschlussflüge verpassen, Flugbegleiter, die einen Zwischenservice einschieben müssen, Flugbetriebsleiter, die über zusätzliche Kosten klagen. Wenn Sie sich also mal in letzter Sekunde gegen einen geplanten Flug entscheiden, Ihr Koffer aber bereits im Flieger ist, wo er ohne Sie nichts zu suchen hat, ist das eine dumme Sache, denn während die Verlader unten im Gepäckabteil auf allen Vieren rumkrabbeln, um das Teil zu finden, verstreicht möglicherweise gerade ein Slot. Das Gleiche gilt, wenn Sie einen über den Durst getrunken haben und beim Einsteigen der Stewardess fröhlich den Hintern tätscheln. Wenn der Pilot Sie jetzt zum Aussteigen auffordert, zeigen Sie sich einsichtig und nehmen Sie den nächsten Flieger, es sei denn, Sie wollen den Unmut aller anderen Fluggäste auf sich ziehen.

Nicht nur für uns Passagiere, auch für die Flugbegleiter bedeuten Slots nicht immer Gutes. Zum Beispiel auf der Kurzstrecke nach einem anstrengenden Hinflug und einem bevorstehenden vollbesetzten Rückflug, der innerhalb kürzester Zeit gestartet werden muss, da sonst Anschlussflüge gefährdet sind. Anstatt eine Pause zu machen, gilt es, sämtliche Vorbereitungen zügig zu treffen, Sicherheitsutensilien zu prüfen, Essen und Getränke in Empfang zu nehmen, in der Küche alles vorzubereiten, damit in der Luft sofort mit dem Service begonnen werden kann. Mit etwas Glück bleibt gerade mal noch Zeit, den Rougepinsel zu schwingen oder eine Prise Gel ins Haar zu zupfen, bevor der Einsteigevorgang beginnt. Je knapper der Slot, desto größer die Hektik, wovon wir als Passagiere natürlich nichts mitbekommen sollen. Wir als Passagiere können zur Pünktlichkeit übrigens auch unseren Beitrag leisten: indem wir rechtzeitig zum Boarding erscheinen, zügig unseren Platz aufsuchen, das Handgepäck wie vorgeschrieben im Fach über dem Sitz oder unter dem Vordersitz verstauen und Mitreisenden gegebenenfalls behilflich sind. Dann klappt das bestimmt auch mit dem Slot und wenn nicht, bekommen wir ja vielleicht in der Zwischenzeit eine Zeitung oder einen Becher Wasser von lächelnden Flugbegleitern überreicht.

5
Warum Erfahrung nicht immer klug macht

Hand aufs Herz, von wem würden Sie sich lieber fliegen lassen, von dem erfahrenen Ausbildungskapitän, der attraktiven Kapitänin oder dem jung aussehenden Copiloten?

Aller Wahrscheinlichkeit nach wird Ihre Antwort im Ranking mit der genannten Aufzählung übereinstimmen. Sie haben Annahmen, von denen Sie glauben, dass sie sich bewahrheiten werden. Diese Annahmen entsprechen Stereotypen. Das sind mehr oder weniger Schubladen, in die wir unsere Erfahrungen sortieren. Je rascher wir Ereignisse und Personen einordnen können, desto wohler fühlen wir uns in unserer Haut. Wissenschaftler sprechen im Übrigen von Millisekunden, die es gerade mal braucht, damit wir uns einen ersten Eindruck in Bezug auf die Vertrauenswürdigkeit einer Person verschaffen. Noch bevor es unser Bewusstsein registriert, trifft unser Unterbewusstsein eine erste Selektion. Es vermittelt uns, wann wir unbesorgt sein können und wann wir besser Vorsicht walten lassen. Dazu beruft es sich auf äußere Merkmale der zu beurteilenden Person sowie auf unsere Erfahrungen in der Vergangenheit mit ähnlich aussehenden Personen. Dumm nur, dass wir mit diesem Mechanismus immer wieder dieselben Erfahrungen bevorzugen. Vorurteile werden damit nicht aufgelöst, sondern eher verfestigt. Wenn wir schon immer gewusst haben, dass Besitzer von roten Autos häufiger drängeln, wird uns deren Verhalten eher ins Auge fallen, als dasjenige von Fahrern eines weißen Autos. Das Gleiche geschieht auch auf anderen Gebieten. Schiedsrichter, so heißt es, verteilen öfter eine gelbe Karte an Spieler in roten oder schwarzen Trikots als an solche in anderen Farben. Lehrer werten schlechte Noten von guten Schülern eher als Ausrutscher. Brillenträger gelten gemeinhin als intelligent. Es gibt ganz klare Stereotypen, denen wir alle aufsitzen: Erfahrung schreiben wir bevorzugt älteren Personen zu, attraktive Menschen halten wir für erfolgreicher. Natürlich wissen wir längst, dass sich nicht alle Stereotypen bewahrheiten, dass es auch technisch interessierte Frauen gibt und sozial kompetente Männer, aber selbst wenn wir uns noch so modern und aufgeklärt wähnen, wartet in unserem Inneren ein kleiner wachsamer Gnom, der uns zur Vorsicht aufruft, wenn unsere Unvoreingenommenheit in Sorglosigkeit ausufert. Es gibt Situationen, da können wir uns Sorglosigkeit nicht leisten, im OP-Saal, in Dax-Vorstandssitzungen, auf Baustellen und ja, auch im Flieger. Da nehmen wir plötzlich die Stereotype wieder sehr ernst – und wünschen uns zur Sicherheit den flugerfahrenen Kapitän. Die Geschichte gibt uns recht, die Hudson River Landung ist das liebste Zitat unseres Gnoms, „siehst du", rief er damals händeringend beim Anblick der entspannten Menschen auf den Tragflächen, „ich hab es ja gewusst!". „Ja, sicher", beruhigen wir ihn, wenn er schon wieder damit anfängt, sobald wir ein Flugzeug betreten und die Crew im Cockpit auffallend jung und möglicherweise auch noch auffallend weiblich aussieht. Im Grunde können wir unserem Gnom ja auch dankbar sein, er ist im Vergleich zu anderen Kulturkreisen ein sehr aufgeklärter Gnom, immerhin hält er uns nicht davon ab, das Flugzeug zu betreten. Es gibt immer wieder Fälle im arabischen Raum, in denen sich Abfertigungsagenten weigern, mit dem weiblichen Kapitän zu sprechen. Davon sind wir hier natürlich weit entfernt. Wir freuen uns über das Vordringen von Frauen in technische Berufe, aber wir haben auch nichts dagegen, wenn wir, wie gesagt zur Sicherheit, den Kapitän…

Nun ist Captain Sullenberger ein wirklich großartiges Beispiel dafür, was geschieht, wenn Erfahrung, Kompetenz und günstige äußere Umstände (keine Boote und keine Sightseeing-Hubschrauber im Weg) zusammenkommen. Umgekehrt muss fairerweise auch gesagt werden, dass es Fälle gibt, in denen die Erfahrung zum Verhängnis wurde. 1997 auf Guam zum Beispiel, als eine Maschine an einem Berg zerschellte, weil der Kapitän (ein ehemaliger Luftwaffenpilot mit gut 9000 h Flugerfahrung) auf Sicht fliegen wollte, obwohl es regnete. Der Vorteil von Sichtlandungen gegenüber Instrumentenlandungen ist, dass Anflugstrecken eventuell abgekürzt werden können und somit Zeitersparnis eintritt. Zeit wollte auch ein erfahrener Kapitän (20.000 Flugstunden) in Zürich sparen, als er sich trotz Schneetreibens zum Anflug auf „Sicht" hinreißen ließ und dabei ignorierte, dass seine Maschine die Mindesthöhe unterschritten hatte. Irgendwann wird die Landebahn schon auftauchen, wird er sich gedacht haben, bislang hatte es ja noch immer geklappt. Statt der Landebahn streifte er Baumwipfel auf einer Hügelkuppe und stürzte in eine bewaldete Senke. Natürlich gibt es klare Vorgaben, wann nach Sicht geflogen werden darf und wann nicht. Ebenso dafür, wann ein Flugzeug vor der Landung stabilisiert sein muss oder wann ein Durchstarten erfolgen muss. Dennoch gibt es diese Fälle, in denen nach der Maxime „Es wird schon gutgehen, was bisher immer gutgegangen ist" operiert wurde. Das unbedingte Einhalten von Standardabläufen (SOPs) fällt einem möglicherweise leichter, wenn die Routine fehlt. Hinter der Routine lauert die Gefahr. Daher kann Erfahrung klug und dumm zugleich machen. Unfallstatistiken zeigen, dass Flugzeuge sicherer sind, wenn der weniger erfahrene Pilot fliegt. Weil jener sich strenger an Verfahren hält und Risiken vermeidet. Erfahrung macht eben manchmal leichtsinnig. Aber wie eine alte Fliegerweisheit sagt, gibt es glücklicherweise nicht viele alte, tollkühne Piloten. „There are old pilots, there are bold pilots, yet there aren't many old bold pilots."

Der 25jährige Copilot kann übrigens auch schon 10jährige Segelflugerfahrung haben. Egal wie alt jemand ist oder wie er aussieht, die Airlines nehmen immer nur die Besten. Ein Risiko einzugehen, können sie sich schlichtweg nicht leisten. Ein einziger Unfall kann den Ruf einer Airline dermaßen ruinieren, dass das wirtschaftliche Überleben auf dem Spiel steht. Sagen Sie das Ihrem Gnom und freuen Sie sich auf Ihren nächsten Flug.

Fazit

✓ Erfahrung ist hilfreich, macht aber mitunter leichtsinnig.
✓ Keine Situation gleicht einer anderen und birgt unterschiedliche Risiken.
✓ Machen Sie sich das bewusst, wenn Sie sich auf Ihre Erfahrungen „mit solchen Situationen" berufen.
✓ Gehen Sie in Gedanken die Situation Schritt für Schritt durch.
✓ Seien Sie achtsam.
✓ Verlassen Sie sich nicht darauf, dass alles so läuft „wie immer".
✓ Sondern gehen Sie so sorgfältig vor, wie es die Situation verlangt.

6
Warum sich Piloten keine Illusionen machen und wir uns auch keine machen sollten

Vielleicht waren Sie einmal im Gebirge, und bei dieser Gelegenheit ist Ihnen aufgefallen, dass der Mond dort größer erschien.

Das lag nicht etwa daran, dass Sie näher dran waren, sondern an der Wahrnehmungsperspektive. Die Berggipfel haben Einfluss auf die Proportionen. De facto *ist* der Mond somit nicht größer, sondern er *erscheint* uns größer. Dieser kleine, aber gewichtige Unterschied fußt auf einer Illusion. Unsere Wahrnehmung ist voll von diesen Illusionen. Das kommt daher, dass unser Gehirn Informationen nach einem bekannten Muster verrechnet. Kommt einmal eine unbekannte Konstante hinzu, gerät es ins Schlingern und heraus kommt eine Täuschung. Für uns Otto Normalverbraucher ist das keine große Sache. Wir freuen uns über den riesigen Mond oder das scheinbare Schnäppchen in einer Mogelpackung. Wir kaufen Anzüge mit Längsstreifen, weil wir meinen darin schlanker auszusehen, und vertrauen Menschen in weißen Kitteln. Wir sehen, was wir sehen wollen. Unser Gehirn wählt Informationen entsprechend unseren Erwartungen aus und liefert uns prompt die Bestätigung unserer Theorien. Wenn wir auf der Suche nach einem Schnäppchen sind, lassen wir uns von der Verpackung leichter täuschen. Wenn uns auf einer Radtour bei hochsommerlichen Temperaturen die Zunge aus dem Hals hängt und auf der Landkarte in zwei Kilometern Entfernung ein türkisfarbener Klecks auf grünem Grund verzeichnet ist, wachsen uns Flügel. Hätten wir geahnt, dass es sich bei dem vermeintlichen Badesee um einen Froschtümpel handelt, wären wir abgestiegen und hätten uns in die nächstbeste Wiese geworfen, anstatt der verheißungsvollen Abkühlung entgegenzustrampeln.

6 Warum sich Piloten keine Illusionen machen …

Ein Pilot kann sich Illusionen nicht erlauben. Es gehört zu seinem Beruf, über die Entstehung von Illusionen und deren Vermeidung Bescheid zu wissen. Trotzdem tappte vor ein paar Jahren eine Cockpitcrew auf dem Weg von Kreta nach Hannover schnurstracks in eine hinein.

Die Folge war eine „Zwischenlandung" in Wien, bei der, um es gleich vorwegzunehmen, glücklicherweise alle mit einem Schrecken davonkamen. Die beiden Piloten hatten „übersehen", dass ihnen der Treibstoff schneller als zu erwarten ausging. Es gibt an Bord eines Flugzeuges mehrere Systeme, die den Kerosinverbrauch anzeigen. Die Piloten hielten sich jedoch nur an eines, an das *Flight Management System* (FMS), das suggerierte, dass die Strecke bis Hannover zu bewältigen sei. Alle anderen Systeme hingegen dokumentierten einen erhöhten Treibstoffverbrauch, was die Piloten für unwahrscheinlich hielten und daher die Hinweise auf den Tankuhren und der *Fuel-Flow*-Anzeige ausblendeten. In Hannover sollte das Flugzeug ohnehin einem technischen Rundumcheck unterzogen werden, somit machte es in den Augen der Besatzung vermutlich doppelt Sinn dorthin zu gelangen. Unbewusst nahmen sie selektiv nur Informationen auf, die diesem Ziel dienten. Hätten sie einen Moment innegehalten, wäre ihnen ein wichtiges Detail bewusst geworden. Weil das Fahrwerk des A310 sich nach dem Start nicht einfahren ließ, erhöhte sich im Reiseflug der Luftwiderstand, eine Tatsache, die zu erhöhtem Kerosinverbrauch führte. Das FMS rechnet nicht mit solchen Widerständen, die Tankanzeige registriert sie allerdings schon. Weil die Piloten ankommen wollten, achteten sie zunächst nicht auf dieses Detail. Irgendwann dämmerte dem Copiloten, dass etwas nicht stimmen konnte. Er schlug eine Zwischenlandung in Zagreb vor. Der Kapitän wollte davon allerdings nichts wissen. Er bestand darauf, den Flieger nach Deutschland zu bringen, weil seiner Meinung nach die Techniker dort bessere Voraussetzungen hatten, sich um die Instrumente zu kümmern. „Wir schlagen uns nach Deutschland durch", ließ er seinen Kollegen wissen. „Wenn schon nicht nach Hannover, dann wenigstens nach München." Letztendlich reichte der Treibstoff gerade mal bis Wien, wo die Triebwerke im Anflug ausgingen. Das Ziel, nach Deutschland zu fliegen, war so attraktiv, dass sich daraus ein sogenannter Tunnelblick entwickelte.

Wir alle haben so etwas selbst schon einmal erlebt. *Optimism Bias* nennt das die Psychologie. Wir denken zu optimistisch, wenn wir etwas unbedingt wollen, und verschließen die Augen vor Risiken. Wenn wir jemanden kennenlernen, mit dem wir ein halbes Jahr später nichts mehr zu tun haben wollen, haben wir es „insgeheim" ja schon von Anfang an gewusst. Allerdings, wenn wir es doch schon gewusst haben, warum mussten wir dann unbedingt die rosa Brille aufsetzen? Uns treibt eine unbestimmte Hoffnung, auf dass die Dinge so ausgehen mögen, wie wir uns das wünschen. Noch lustiger wird es, wenn wir Dinge tun, von denen wir überzeugt sind, dass sie richtig sind, was unsere Außenwelt jedoch nur mit dem Kopf schütteln lässt. In der Ausbildung bekommen Piloten ein Video gezeigt, auf dem die Folgen von Sauerstoffmangel dokumentiert sind. Es zeigt Teilnehmer eines Experiments, die unter zunehmendem Sauerstoffmangel Kugeln von unterschiedlicher Größe in vorgesehene Öffnungen sortieren sollen. Das Experiment musste abgebrochen werden, als die Teilnehmer trotz offensichtlichem Sauerstoffmangel und extrem verlangsamten

Bewegungen trotzdem noch der Meinung waren, richtig zu handeln. Sauerstoffmangel ist eine potenzielle Gefahr im Flugzeug. Daher gibt es auch hierfür Warnsysteme. Sobald ein bestimmter Wert im Cockpit unterschritten wird, sind Piloten angehalten, eine Sauerstoffmaske aufzuziehen und einen Sinkflug einzuleiten. Anzeigen zu ignorieren würde bedeuten, sich der Gefahr auszusetzen und Dinge zu tun, die man unter normalen Umständen nicht tun würde. Das Dumme ist nur, dass unser Körper unter Stress, Übermüdung und Hunger ebenfalls dazu neigt, Fehler zu produzieren, die einem selbst nicht bewusst werden. Vermutlich war jeder von uns schon einmal von der Ankommeritis nach einer langen Autofahrt befallen. Pausen sind in solchen Momenten nicht das Schlechteste. Denn sie verbessern den Allgemeinzustand und die Konzentration. Flugzeugcrews machen ebenfalls Pausen. In manchen Flugzeugen gibt es eine extra Schlafkabine mit Doppelstockbetten. Ruhezeiten sind verpflichtend, müssen eingehalten und dokumentiert werden. Das und die Kenntnis von typischen Wahrnehmungsfallen führten dazu, das Fehlerrisiko auf ein Minimum zu reduzieren.

Fazit

Wahrnehmung ist von der persönlichen Perspektive beeinflusst und fehleranfällig. Zwei Dinge sind besonders gefährlich:

✓ Wir nehmen selektiv nur jene Informationen auf, die unsere Erwartungen bestätigen (*Confirmation Bias*).

✓ Wir blenden Risiken aus, wenn wir etwas unbedingt erreichen wollen (*Optimism Bias*).

Sie können Täuschungen vermeiden, indem Sie Folgendes beachten:

✓ *Genau beobachten:* Wechseln Sie regelmäßig von „Nahaufnahme" auf „Weitwinkel", achten Sie gezielt auf Details *und* die Gesamtsituation, holen Sie sich eine zweite Meinung ein, nehmen Sie die Perspektive eines Außenstehenden ein (wie würde er die Situation bewerten), berücksichtigen Sie Ihre körperliche Verfassung – evtl. ist Ihre Wahrnehmung durch Hunger, Müdigkeit, Schlafmangel beeinträchtigt.

✓ *Eigene Glaubenssätze in Frage stellen können:* Machen Sie sich klar, dass Ihre Urteile fehleranfällig sind, möglicherweise haben Sie wichtige Details ausgeblendet, weil diese nicht zu Ihrer Theorie passten.

✓ *Aus Erfahrung lernen:* Merken Sie sich, wann und aus welchem Grund Sie Risiken ausgeblendet haben, nach welchen Mustern und mit welchen Prioritäten Sie vorgegangen sind. Was hätten Sie besser machen können? Woran hätten Sie merken können, dass Sie auf ein Ziel fixiert waren und wichtige Details ausgeblendet haben?

✓ *Frühwarnsysteme nutzen:* Alles, was Sie „schnell noch erledigen wollen", ist grundsätzlich fehleranfälliger als sorgfältig durchdachte Aktivitäten. Beobachten Sie sich im Alltag: Wie häufig lassen Sie sich dazu verleiten, Dinge zu ignorieren, um rasch noch etwas zu erledigen. Halten Sie öfter einmal inne und prüfen Sie sowohl äußere als

auch innere Zustände. Identifizieren Sie Stressoren, gehen Sie die Dinge einmal bewusst anders an als gewohnt.
✓ *Einen Plan haben – und noch einen:* Vermeiden Sie zu hohe Ansprüche an sich selbst, bleiben Sie jederzeit offen für Alternativen, haben Sie immer einen Plan B und C.

Gegen Zielfixierung greift folgendes Vorgehen:

✓ Legen Sie ein Ziel fest.
✓ Unterteilen Sie es in mehrere Etappen.
✓ Legen Sie regelmäßig einen Zwischenstopp ein und überprüfen Sie die Erreichbarkeit des Ziels.
✓ Achten Sie auf Details in Ihrer Umgebung, auf Ihre Verfassung und hören Sie auf Ihre innere Stimme.
✓ Wenn Sie entscheiden, einen Plan aufzugeben, ist das in Ordnung.
✓ Greifen Sie auf dann auf Plan B oder C zurück.

7
Warum ein Nickerchen in Ehren niemand verwehren kann

Mittlerweile ist es ja schon gar nicht mehr so ungewöhnlich, das Nickerchen am Arbeitsplatz. Vor zwanzig Jahren allerdings, als es in die Luftfahrt Einzug gehalten hat, war es eine Sensation. Piloten sollen im Cockpit schlafen, lautete die Empfehlung, und seitdem werden regelmäßig im Reiseflug die Augenklappen hervorgeholt. Während sich die meisten von uns bis zur abendlichen Fernsehserie gedulden müssen oder morgens rasch in den öffentlichen Verkehrsmitteln noch mal schnell wegdösen, dürfen sich Piloten im Cockpit ganz ungeniert ihrem Schlafbedürfnis hingeben. Der offizielle Ausdruck für diese Prozedur heißt im Übrigen *Napping*. Es dient dazu, dem sogenannten *Fatigue*-Syndrom vorzubeugen. Jeder Autofahrer kennt das Phänomen, das sich auf einer monotonen, langen Fahrt schon mal einstellt, bei dem die Augenlider schwer werden wie Blei und das Kinn plötzlich zur Brust hin absackt. Nun kann ein Pilot kaum das Fenster öffnen und sich Fahrtwind um die Ohren pusten lassen, wie wir es in diesen Fällen tun. Das einzig Vernünftige, was er tun kann, ist schlafen. Das *Napping* ist darüber hinaus wichtig, um die maximale Aufmerksamkeit für die Landung aufrechtzuerhalten. Stellen Sie sich einen Nachtflug vor, bei bedecktem Himmel, keine Sterne, kein Mond, Dunkelheit so weit das Auge reicht, über mehrere Stunden. Jetzt aufmerksam zu bleiben, erfordert enorm viel Kondition. Denn es ist ja nicht so, dass der Autopilot fliegt und die Piloten die Füße bis auf Weiteres hochlegen. Aus den Kopfhörern kommen Funkansagen, das Wetter kann sich in jedem Moment schlagartig ändern – buchstäblich bei jeder unvorhergesehenen Turbulenz. Es können andere Flugzeuge gefährlich nahe kommen oder Instrumente Warnhinweise geben, unerwartete medizinische Notfälle unter Passagieren auftreten, plötzlicher Druckabfall in der Kabine…, die Liste ließe sich munter fortsetzen. Wer müde ist, reagiert langsam und macht Fehler. Piloten müssen jederzeit geistesgegenwärtig sein. Damit sie das bleiben, gibt's das Nickerchen zwischendurch. Das ist der Vorteil, wenn man zu zweit fliegt oder im Auto einen Beifahrer hat. Der andere übernimmt das Steuer während man selbst ein Viertelstündchen entspannt. Länger sollte so ein Nickerchen im Übrigen nicht dauern. Denn alles, was darüber hinausgeht, findet in einer anderen Schlafphase statt und führt eher dazu, dass sich die Müdigkeit verstärkt. Aber so ein erfrischendes kleines Schläfchen zwischendurch wussten auch schon die Philosophen und Denker zu schätzen. Für Nietzsche war es ein rechtes Kunststück, den Schlaf am Tage einzuschieben, und für Schopenhauer war der Schlaf für den Menschen wie das Aufziehen bei der Uhr. Laut einer Studie der Harvard-Universität in Boston steigert ein kurzer Tagesschlaf die Leistungsfähigkeit um 30 %. In Japan gilt der Anwesenheitsschlaf als Ausdruck von Fleiß und verdienter Müdigkeit. Sagen Sie das ruhig Ihrem Chef, und machen Sie doch demnächst mal ein Nickerchen. Wenn Sie Sorge haben, dass Sie doch tiefer abnicken, als beabsichtigt, sei noch rasch ein Trick von Albert Einstein erwähnt. Dieser nahm währenddessen einen Schlüsselbund in die Hand. Denn er wusste, sobald der Körper in die Tiefschlafphase abgleitet, lockern sich die Muskeln, der Schlüssel fällt aus der Hand und weckt den Schläfer (hoffentlich) auf. Allzeit gutes Ruhen! Es ist garantiert das einzige Glück, das Sie genießen, wenn es vorbei ist.

8
Warum Piloten Dinge sehen, mit denen wir nicht rechnen

Gehören Sie auch zu den Menschen, die sich immer dann, wenn sie gerade das Haus verlassen, fragen, ob sie die Herdplatte auch ausgemacht haben, oder das Bügeleisen? Sie sind nicht allein, ich kenne sogar jemanden, der zwischen zwei Meetings extra nach Hause gefahren ist, um festzustellen, dass der Stecker vom Bügeleisen *neben* der Steckdose lag und nicht drin steckte, wie in einem siedend heißen Moment befürchtet. Vermutlich wäre ich ein schlechter Pilot. Ich würde alles doppelt und dreifach checken und hinterher nochmal in Frage stellen. Ein Pilot sollte Risiken realistisch einschätzen können, wiederkehrende, spontane Zweifel wegen einer Herdplatte gehören eher in die Kategorie unrealistisch und sind allenfalls eine „automatische Reaktion". Natürlich muss ein Pilot vorhersehen können, wann eine Gefahr bestehen könnte. Vorausschauendes Denken gehört quasi zum Pilotenberuf. In jeder Sekunde eines Fluges kann etwas Unvorhergesehenes geschehen. Dann ist schnelles Handeln gefragt. Es gibt Dinge, die kann man vorher üben, beispielsweise was zu tun ist, wenn eine *Clear Air Turbulence* (CAT) auftritt. Das sind starke Strömungsunterschiede zwischen zwei Luftmassen. Der Zeitpunkt, wann diese Form der Turbulenz eintritt, kann völlig überraschend sein. Je mehr Erfahrung ein Pilot hat und je häufiger er Dinge technisch im Simulator trainiert und auf der Strecke erprobt hat, desto rascher ist seine Reaktion im Krisenfall.

Erst kürzlich führten besonders schwere Turbulenzen über dem Atlantik zu einem Strömungsabriss bei einer Langstreckenmaschine. Dass niemand zu Schaden kam, ist sicherlich der Souveränität der Piloten zu verdanken. Zudem war der Copilot ausgebildeter Segelflieger. Ein Flugzeug nach freiem Fall zu stabilisieren, hatte er schon mehrfach geübt. Nerven behalten und souverän reagieren – dazu gehört das absolute Vertrauen in die eigenen Fähigkeiten. Ein Pilot darf weder übervorsichtig noch leichtsinnig sein. Bevor ein Pilot Passagiere befördern darf, durchläuft er intensive Trainings und Testverfahren. Seine Leistungen muss er maximal abrufen können, besonders in kritischen Situationen. Damit er ein Gespür dafür bekommt, wann diese eintreten können, lernt ein Pilot, Risiken frühzeitig zu erkennen und einzudämmen. Dazu gehört es, konzentriert bei der Sache zu sein, alle Sinne offen zu halten und sich gezielt zu informieren – zum Beispiel über Wetterdaten, die Flugroute, den technischen Stand des Flugzeugs, die Zusatzbeladung an Fracht, den Zielflughafen. Wer Kenntnis davon hat, dass am Zielflughafen häufig starke Seitenwinde auftreten und möglicherweise ein, zwei Durchstartmanöver erforderlich sind, nimmt etwas mehr Treibstoff mit. Wer glaubt, dass eine Landung aufgrund von Schlechtwetter am anvisierten Ziel nicht möglich ist, weicht auf einen anderen Flughafen aus. In der Linienfliegerei ist das in der Regel kein Problem, im Charterflug kann daraus eins werden, wenn Passagiere auf der Landung beharren. Als der Pilot eines Kleinflugzeugs sich weigerte, im hessischen Egelsbach zu landen, wurde er regelrecht unter Druck gesetzt. Dennoch vertraute er auf sein „Gespür", dass es ein Risiko sein würde, bei den gegebenen Sichtverhältnissen zu landen, und flog einen Ausweichflughafen an. Noch während er sein Flugzeug sicher landete, stürzte eine Cessna nahe Egelsbach in ein Waldstück. Als Absturzursache wurden örtliche dichte Nebelbänke vermutet, die den Anflug behinderten. Das „Gespür" hatte sich also als richtig erwiesen.

Genau genommen handelte es sich dabei um die Summe aus den vorliegenden Informationen und der persönlichen Erfahrung.

Wenn Sie also das nächste Mal aus dem Haus gehen, denken Sie an den kleinen, aber feinen Unterschied zwischen „Gespür" und automatischer Reaktion. Überprüfen Sie den Herd, das Bügeleisen und sagen ganz laut „checked". Das sollte genügen. Zwei oder dreimal zurückzulaufen, wird immer wieder zum selben Ergebnis führen und ist somit eine überflüssige Angewohnheit, wenn auch eine verbreitete.

Was Sie tun können, um Risiken realistisch einzuschätzen:

- ✓ Informieren Sie sich.
- ✓ Seien Sie aufmerksam und konzentriert bei der Sache.
- ✓ Schließen Sie Dinge bewusst ab und wenden Sie sich erst dann der nächsten Sache zu.
- ✓ Unterscheiden Sie kritisch zwischen einem „Gespür" und einer „automatischen Reaktion".
- ✓ Halten Sie bei einer automatischen Reaktion inne und fragen Sie sich, ob sie wirklich notwendig ist.

9
Was Geburtshelfer und Piloten gemeinsam haben

Jetzt stöbern Sie wahrscheinlich in Ihren grauen Zellen nach einer passenden Antwort und ärgern sich, weil Sie keinen sinnvollen Zusammenhang finden. Der eine nimmt Neugeborene in Empfang, der andere fliegt Flugzeuge – wo sollen da die Schnittpunkte liegen, fragen Sie sich. Beide kümmern sich um ihr Baby, aber der Vergleich hinkt dann doch ein bisschen, denken Sie sich und haben Recht. Auch wenn Piloten ihr Flugzeug gerne als „ihr Baby" sehen, ist das nicht der springende Punkt. Allerdings ist die Fährte schon ziemlich heiß. Aber nicht, *weil* sie sich um ihr Baby kümmern, sondern *wie* sie dies tun, führt zur Auflösung dieses Rätsels. Piloten gehen dabei sehr systematisch vor, genauso wie Geburtshelfer.

Als die Ärztin Dr. Agpar von einem Assistenzarzt gefragt wurde, woran sie erkennt, dass das Neugeborene wohlauf sei, zählte sie eine Summe von Details auf: Atmung, Hautfarbe, Reflexe, Muskeltonus und Herzfrequenz. Dann hielt sie einen Moment inne, möglicherweise dämmerte ihr, dass sie gerade dabei war ein Verfahren zu entwickeln, das systematisch bei jedem Neugeborenen angewandt werden konnte. Rasch schrieb sie die fünf Merkmale auf und nahm die Liste fortan mit in den Kreißsaal, wo sie jedes Neugeborene diesem Screening unterzog. Es gibt zwei Punkte für jede Vitalfunktion. Bei einer Summe von 9–10 Punkten ist das Neugeborene wohlauf. Bei 5–8 Punkten ist sein Zustand bedenklich und bei weniger als 5 Punkten müssen sofort lebensrettende Maßnahmen eingeleitet werden. Dieses Verfahren hat die Sterblichkeit der Säuglinge nach der Geburt deutlich verringert. Mit der Zeit wurde es als standardisiertes Verfahren an alle Kliniken weitergegeben, wo es heute von allen Geburtshelfern angewandt wird.

9 Was Geburtshelfer und Piloten gemeinsam haben

Mit standardisierten Verfahren kennen Piloten sich aus. In der Fliegersprache sind das *Standard Operation Procedures* (SOPs) und ohne diese läuft so gut wie gar nichts. Besonders in zeitkritischen Fällen und aufmerksamkeitsintensiven Arbeitsphasen stellen SOPs sicher, dass nichts vergessen wird und Abläufe vorschriftsmäßig eingehalten werden. Für jede Flugphase gibt es SOPs. Darüber hinaus wird sogar unterschieden zwischen normalen Flugphasen und unvorhergesehenen Ereignissen, und die SOPs werden entsprechend aufgeteilt in „normale" und „abnormale" Verfahren.

Eine ganz einfache „normale" SOP, die jeder von uns kennt, ist die Sicherheitsansage der Flugbegleiter. In einer verbindlichen Reihenfolge erklären sie die Sicherheitsvorkehrungen an Bord, von der Funktion des Anschnallgurtes, der Bedeutung der Anschnallzeichen, den Sauerstoffmasken und Schwimmwesten, bis zu der Lage der Notausgänge und den Leuchtstreifen am Boden.

Eine „abnormale" SOP im Cockpit greift zum Beispiel im seltenen Fall eines Triebwerkausfalls. Jeder Handgriff ist darin festgelegt und wird mit einer Checkliste überprüft. Selbst bei einer hohen Arbeitsbelastung und unter emotionaler Anspannung funktionieren SOPs quasi wie ein Automatismus.

Geburtshelfer und Piloten haben also gemeinsam, dass sie sich an standardisierte Verfahren halten, damit sie die richtigen Prioritäten setzen und klug handeln.

Falls Sie darüber nachdenken, Ihrem Chef bei nächster Gelegenheit vorzuschlagen, einen Arbeitsschritt zu standardisieren, ist das eine gute Idee. Halten Sie sich bei der Entwicklung einer SOP an folgende Regeln:

- ✓ Halten Sie sich in der Wortwahl so *verständlich* wie möglich.
- ✓ Sorgen Sie dafür, dass die Begriffe *widerspruchsfrei* sind und von allen in gleicher Weise interpretiert werden.
- ✓ Finden Sie kurze *aussagekräftige* Sätze.
- ✓ Im Idealfall können auch Ungeübte sofort der SOP entsprechend handeln, sofern sie über Grundkenntnisse im Sachverhalt verfügen.

10
Was Zugbegleiter von Piloten lernen können

Neulich im Zug. Ein Kapitel mit diesem Satz zu beginnen, ist ein bisschen gemein, das gebe ich zu. Und auf keinen Fall möchte ich hier den Eindruck erwecken, dass ich zu den notorischen Bahn-Nörglern gehöre. Ich bin sogar ausgesprochen Bahn-freundlich. Ich finde die Deutsche Bahn ein wunderbares Unternehmen, doch im Ernst, wer einmal andere Züge in anderen Ländern ausprobiert hat, ausgenommen in Japan – dort ist es noch wunderbarer –, der weiß den Komfort und die Zuverlässigkeit zu schätzen. Natürlich hat immer ausgerechnet der Zug Verspätung, in dem man gerade sitzt, aber hey, was sind zehn Minuten im Vergleich zu fünf Stunden in anderen Ländern. Wir sollten etwas entspannter sein, bitte denken Sie daran beim nächsten Mal im Zug, und bitte seien Sie nett zu den Zugbegleitern! Ich will auch versuchen, nett zu den Zugbegleitern zu sein, auch wenn einer in diesem Kapitel, fachlich gesehen, sein Fett wegbekommt. Aber wie gesagt, das ist rein fachlich, menschlich kenne ich ihn ja nicht, ich habe ihn ja auch nie gesehen. Das ist vermutlich der Grund, warum die Geschichte mich so geärgert hat, neulich im Zug. Also die Sache ist schnell erzählt. Theaterkarten gekauft für eine Premiere in Stuttgart, den Zug genommen, wegen Staugefahr auf der A81. Kurz vor Stuttgart Halt auf freier Strecke. Aus dem Fenster geschaut, nix gesehen, weiter im Bahnmagazin geblättert, wieder aus dem Fenster geschaut, wieder nix gesehen, auf die Uhr geschaut, unruhig geworden, Freundin angerufen (die stand im Stau), den Kopf zum Gang rausgehalten und einmal nach links und rechts gedreht, kein Personal in Sicht, dafür andere Köpfe, die dasselbe tun, Freundin gefragt, ob man bei Premieren später reinschleichen darf. Dann endlich ein Knarzen im Lautsprecher,…, ein

10 Was Zugbegleiter von Piloten lernen können 47

Räuspern,..., wieder ein Knarzen, dann Stille. Draußen ein Bahnmitarbeiter mit einer Taschenlampe, Lichtkegel, die unter den Zug geworfen werden. Ein Sitznachbar, der eine Butterbrezel aus einer Tüte holt und andächtig hineinbeißt. Dann wieder ein Knarzen... „Meine Damen und Herren, ähm... es kam... ähm aufgrund einer technischen Störung zu einem unvorhergesehenen Halt auf freier Strecke. Bis auf Weiteres bleibt der Zug hier stehen."... Knarzen. Die Brezeltüte neben mir wird hektisch zerknüllt. Im Zug schwillt der Geräuschpegel, die Leute telefonieren, ich auch. Uns bleibt ja noch die Premierenfeier, so meine Freundin (ihr Stau hat sich inzwischen aufgelöst, und ich überlege kurz, ob sie mich nicht hier auf freiem Feld irgendwo abholen kann). Nach einer sich dahinschleppenden weiteren Viertelstunde dann eine überraschende Wendung. Nahezu gesprächig verkündet der Bahnmitarbeiter, dass sich der Verdacht auf Personenschaden nicht bestätigt hat und wir in Kürze unsere Fahrt fortsetzen werden. „Wow, denke ich, das ist ja toll, also doch noch Fritzi Haberland auf der Bühne sehen! Vor Freude möchte ich in die Luft springen, stattdessen gehe ich schon mal ein paar Abteile weiter nach vorne, weil Stuttgart ja einen Kopfbahnhof hat, und wer vorn aussteigt, schneller am Ausgang ist. Der vorderste Wagen gehört der ersten Klasse, was soll's, kommt ja sowieso keiner, denke ich mir und wähle einen Fensterplatz. Ich sehe mir die Business-Reisenden an. Die Leute sind echt entspannt, viel entspannter als die in den hinteren Abteilen. Ich rechne aus, was es kostet, wenn ich meine Bahncard 25 auf die erste Klasse umschreiben lasse. Ich strecke die Beine aus und schließe die Augen, wissend, dass da drüben der Typ im Anzug mein Gesicht mustert, lächle ich geheimnisvoll in mich hinein und nehme mir vor, ab jetzt bei jeder Verspätung die Fahrt in der ersten Klasse fortzusetzen. Unterm Strich würde dabei noch ein Gewinn rausspringen, frohlockte ich, und plötzlich war ich der Bahn sogar ein bisschen dankbar. Und weil in Stuttgart Theater und Bahnhof so schön beieinander liegen, hat es mit der Premiere dann doch noch geklappt.

Dass sich die Bahn Vorkommnisse wie diese leisten kann, liegt daran, dass es sich um ein Hoheitsunternehmen handelt. Wer nicht Bahn fährt, kann das Auto nehmen oder bei längeren Strecken fliegen. In der Luftfahrt gibt es so etwas nicht. Das ist ein hart konkurrierender Markt. Manchmal drängeln sich neue Airlines regelrecht hinein und hoffen, dass ihre Dumpingpreise ein bestehendes Unternehmen in die Knie zwingen. Verdrängungswettbewerb nennt man das auf „betriebswirtschaftlich". Neue Airlines bekommen oft staatliche Unterstützung, außerdem erhalten sie günstigere Konditionen an Flughäfen und haben moderne Flugzeuge, die weniger Kosten verursachen. Bei geschicktem Marketing und negativer Unfallbilanz kommt man auf diese Weise relativ rasch in den bestehenden Markt. Die Gäste kommen direkt von anderen Airlines, denen hierdurch die Einnahmen fehlen. Das will natürlich keiner hinnehmen, und nichts bleibt unversucht, die Gäste zu halten. In einem solchen Marktumfeld wäre eine Informationspolitik wie oben beschrieben fatal.

Weil das allgemein bekannt ist, erhalten Piloten extra Schulungen, wie sie sich in schwierigen Situationen verhalten sollen und was sie an ihre Gäste kommunizieren. Ansagen sollten wenn möglich sofort stattfinden. Auch dann, wenn noch keine weiteren Informationen vorliegen.

10 Was Zugbegleiter von Piloten lernen können

Es geht allein um die Wortmeldung und darum, das Gefühl zu vermitteln, alles unter Kontrolle zu haben. Wenn ein Problem aufgetaucht ist, sollte es möglichst nicht so genannt werden. Anstatt „wir haben ein Problem", soll es besser heißen „wir arbeiten daran, eine Lösung für … zu finden" oder „es hat eine technische Meldung gegeben, der wir momentan mit Sorgfalt nachgehen" „wir werden Sie in Kürze über das weitere Vorgehen informieren …". Achten Sie doch mal während Ihres nächsten Fluges darauf. Piloten sind dazu angehalten regelmäßig Informationen zu geben. So etwas nennt sich akustische Präsenz. Da Sie Ihre Piloten während des Fluges ja kaum zu Gesicht bekommen, freuen Sie sich, wenn Sie wenigstens die Stimme über den Lautsprecher hören. Business-Gäste auf dem Weg nach London brauchen erfahrungsgemäß weniger von dieser Präsenz als der klassische Urlauber. Letztere lassen sich auch mal gerne unterhalten. Fußballergebnisse oder Hinweise auf die bevorstehende Schönwetterfront am Zielort werden mit dankbarer Begeisterung aufgenommen. Schnell wird dann aus einem Flugzeugführer „unser Pilot", und wenn „unser Pilot" auch noch ganz gelassen durch Turbulenzen fliegt, ist ihm eine Gesprächslücke während der nächsten Familienfeier sicher. Nach ein paar Schnäpsen erzählt Onkel Horst dann jede kleine Amtshandlung von „seinem Piloten" so überzeugend, dass man meint, er hat heimlich einen Pilotenschein gemacht. Bis ihn endlich jemand unterbricht, der wirklich Kurioses erlebt hat, neulich im Zug …

Fairerweise muss noch gesagt werden, dass es auch richtig gute Ansagen im Zug gibt und weniger gute im Flugzeug. Wer einmal in Bedrängnis kommt, eine unangenehme Nachricht zu überbringen, darf sich gerne an folgende Regeln halten:

- *Rekapitulieren:* Versuchen Sie die Situation so objektiv wie möglich zu erfassen: Was ist vorgefallen? Welcher Umstand hat dazu geführt? Welche Alternativen bestehen? Gibt es bereits Ansätze für eine Lösung?
- *Informieren:* Melden Sie sich so früh wie möglich, fassen Sie sich kurz, wenn Sie noch keinen Plan haben. Sagen Sie, dass Sie an der Sache arbeiten und sich innerhalb einer bestimmten Zeit wieder melden. (Das verschafft Ihnen Luft, sich eine Strategie zu überlegen und gegebenenfalls Unterstützung zu suchen.)
- *Positiv formulieren:* Versuchen Sie darauf zu achten, positive Sätze zu formulieren. Mit positiven Sätzen verschafft man sich leichter Gehör und Verständnis. „Wir arbeiten daran, unsere Fahrt bald fortzusetzen …" klingt angenehmer als „im Moment gibt's kein Vorwärtskommen …". Weiterhin ist es wichtig, das erwünschte Ziel in die Nachricht hineinfließen zu lassen, das bringt automatisch Bewegung in eine Situation: „Wir alle möchten, dass es so schnell wie möglich weitergeht." „Um unser gemeinsames Ziel (konkret benennen) zu erreichen, werden wir … Wir bitten Sie um etwas Geduld, bis … geklärt ist."
- *Ruhe bewahren und Unterstützung anbieten:* Jemand, der mit einer unangenehmen Nachricht konfrontiert wird, reagiert bisweilen verärgert und drückt das mit typischen Floskeln aus: „schon wieder", „war ja nicht anders zu erwarten", „typisch". Nehmen es Sie es nicht persönlich. Die Kritik gilt in den meisten Fällen der Sache, nicht Ihrer Person. Also belassen Sie es auch bei der Sache, finden Sie Lösungen und räumen Sie Unannehmlichkeiten aus dem Weg, bieten Sie aktiv Ihre Hilfe an.

11
Warum Piloten selten etwas von der Kasse zurück ins Regal tragen

Beim Shoppen scheiden sich bekanntlich die Geister, des einen Leid ist des andern Freud. Das Glück ist auf der Seite derer, die sich rasch entscheiden können. Alle anderen treibt dieses nagende Gefühl der Unentschlossenheit bisweilen in die Verzweiflung. Unentschlossenheit ist etwas, das Piloten vermeiden sollten. Entscheidungen müssen auch unter Zeitdruck funktionieren.

Wir erinnern uns an den netten weißhaarigen Mann, der sein Flugzeug nach einer Kollision mit einem Gänseschwarm auf dem Hudson River geparkt hat, anstatt auf den begrünten Dächern der New Yorker Skyline. Dem blieb nicht viel Zeit für große Überlegungen.

Aber keine Sorge, es muss einem nicht im Mutterleib beigebracht worden sein, sich zügig zu entscheiden. Eine gewisse Disposition zur Entscheidungsfreude sollte allerdings schon vorhanden sein, wenn man sich für die Fliegerei entscheidet. Das gilt natürlich auch für andere Berufe – Manager, Ärzte, Feuerwehrleute, sie alle haben gemeinsam, dass schnelle und richtige Entscheidungen von ihnen verlangt werden.

Das klingt schon fast wie Sport, ist es auch ein wenig, denn sich schnell und richtig entscheiden zu können, ist trainierbar. Wie bei den meisten Sportarten gibt es zunächst ein paar Regeln.

Das Modell, an das Piloten sich halten, nennt sich FOR-DEC (s. Tab. 11.1). Es wurde eigens vom Zentrum für Luft- und Raumfahrt entwickelt, um die Flugsicherheit zu erhöhen.

FOR-DEC kommt aus dem Englischen, was Sinn macht, denn Fliegersprache ist Englisch. Die einzelnen Begriffe, die sich hinter diesem Akronym verbergen, sind *Facts, Options, Risks, (-) Decision, Execution, Check*. Im Einzelnen heißt das:

Tab. 11.1 FOR-DEC

1. Fakten sammeln	Machen Sie sich ein umfangreiches Bild von der Situation, informieren Sie sich, achten Sie auch auf Details. Vermeiden Sie eine vorschnelle Bewertung
2. Optionen prüfen	Welche Möglichkeiten bestehen? Mit welchen Folgen?
3. Risiken bewerten	Welche Risiken verbergen sich jeweils hinter den Möglichkeiten? Wie lautet die Alternative mit dem geringsten Risiko?
4.–	Kurze Denkpause. Halten Sie einen Atemzug inne und hören Sie auf Ihr Bauchgefühl
5. Decision (Entscheiden)	Treffen Sie eine Entscheidung
6. Execution (Ausführen)	Leiten Sie Schritte ein, führen Sie die Entscheidung aus!
7. Checken	Prüfen Sie, ob sich die Entscheidung bewährt. Im Zweifel beginnen Sie den Prozess von vorn und sammeln neue Fakten. Stellt sich die Entscheidung als Fehler heraus, prüfen und analysieren Sie Gründe

Fakten sammeln, Möglichkeiten offen legen, Risiken prüfen, kurz innehalten, Entscheidung treffen, Ausführen, Checken und gegebenenfalls von vorn beginnen.

Wenn Sie also das nächste Mal einen Urlaub buchen wollen und nicht wissen wohin, sammeln Sie doch einfach mal ein paar Fakten: Land, Region, Temperatur, Unterbringung, Aktivitäten, Kosten.

Dann nehmen Sie sich Möglichkeiten vor. Unter welchen Bedingungen lassen sich möglichst viele Vorzüge unter ein Dach bringen?

Dann prüfen Sie eventuelle Risiken, das Budget in der Urlaubskasse oder die Gefahren durch Stechmücken und andere Plagegeister. Hören Sie dabei auch ruhig auf Ihr Bauchgefühl und geben sich einen Extraatemzug Zeit.

Schließlich sollten Sie irgendwann die Entscheidung treffen und sich gut damit fühlen. Fangen Sie jetzt keinesfalls wieder von vorne an! Hier kommt nämlich die kritische Stelle, an der Piloten den meisten von uns etwas voraus haben. Sie ziehen ihre Entscheidungen durch, im Gegensatz zu vielen Frauen im Schuhladen. Während wir die fabelhaften, aber überteuerten Pumps dreimal von der Kasse ins Regal und zurück tragen und sie dann trotzdem mit nach Hause nehmen können, fackelt ein Pilot nicht lange. Wenn er eine Entscheidung getroffen hat, zieht er sie durch. Allerdings weiß er auch, dass Situationen einer gewissen Dynamik unterliegen und sich ändern können. Deswegen überprüft er am Ende auch noch einmal das Ergebnis. Die Hudson River-Landung hätte auch schiefgehen können, ging sie aber nicht, also musste man auch keine Ursache für einen eventuellen Fehler finden. Genügend Schneid muss man schon haben, Fehler eingestehen zu können, nur dann ist etwas möglich, das uns zu klugen Entscheidern heranwachsen lässt: Erfahrung. Und die hatte Kapitän Sullenberger reichlich.

12
Warum Piloten aus Fehlern klug werden

Sie kennen den bestimmt auch, diesen fiesen, kleinen, nun ja, auch feigen Reflex, einen Fehler ungeschehen machen zu wollen. Und wenn das nicht geht, dann wenigstens ungesehen. Schnell eine Serviette auf die Tischdecke legen, nachdem das Schokoladenmousse vom Löffel gerutscht ist. Die Hose mit der Begründung zurückgeben, dass „sie nicht gefällt", nachdem festgestellt wurde, dass die Verkäuferin Recht hatte und sie wirklich eine Nummer zu klein ist. Den Beamer schachmatt legen und es auf die Technik schieben, getreu dem Motto: Was niemand weiß, macht niemand heiß. Warum wir das tun, deutet das Motto schon an, wir meiden die Folgen. Also jenes bewusste Auseinandersetzen mit dem eigenen Verhalten und den Konsequenzen. Wir kümmern uns lieber um die Fehler anderer und ignorieren die eigenen. In der Psychologie gibt es sogar ein Gesetz, das Attributionsgesetz, das diese schlechte Angewohnheit bestätigt. Eigene Fehler führen wir auf die Umstände zurück (nicht gesehen, nicht gewusst, fehlender Hinweis, Technikfehler). Fremde Fehler erklären wir mit dem Verhalten oder sogar mit dem Charakter einer Person (absichtlich, vorsätzlich, dreist). Wir tun das, um vor uns selbst besser dazustehen. „Selbstwertdienliche Attribution" nennt sich das im Fachjargon. Wir schützen unser Selbstwertgefühl, indem wir die Ursachen für eigene Fehler außerhalb unserer Person suchen, die für fremde indes an der Person festmachen. Wir haben zu Fehlern also ein ziemlich gespaltenes Verhältnis, wachsam, wenn es um die fremden geht, großzügig bei den eigenen. Genau besehen sind beide Strategien unproduktiv. Die erste, weil sie andere Menschen dazu bringt, Konsequenzen zu fürchten und Fehler zu vertuschen. Die zweite, weil wir selbst rein gar nichts aus unseren Fehlern

12 Warum Piloten aus Fehlern klug werden

lernen, solange wir sie uns nicht eingestehen. Wir merken gar nicht, dass wir auf der Stelle treten, solange wir uns vor den eigenen Fehlern verschließen. Dabei muss das gar nicht sein. Denn erstens passieren wirklich jedem von uns Fehler und zweitens ist man hinterher eher schlauer, drittens sind Fehler gar nicht so schlecht wie ihr Ruf. Etliche wichtige Errungenschaften gäbe es gar nicht ohne Fehler. Eine der bedeutendsten dieses Jahrhunderts, die Entdeckung des Penicillins beruht auf einer Nachlässigkeit. Als Alexander Fleming Bakterien züchtete, war er anscheinend nicht besonders ordentlich. In einer der Petrischalen machten sich sogar Schimmelpilze breit. Kann ich wegwerfen, dachte sich Herr Fleming, schaute aber vorher sicherheitshalber nochmal durchs Mikroskop und machte eine erstaunliche Entdeckung. Dort, wo der Schimmelpilz sich ausbreitete, konnten die Bakterien sich nicht vermehren. Wie er später herausfand, bildete der Pilz eine für Bakterien giftige Substanz – das Penicillin. Für diese Entdeckung gab's sogar den Nobelpreis. Genau hinschauen lohnt sich also. Das tun Piloten auch, wenn ihnen ein Fehler unterläuft. Fehlermanagement hat in der Luftfahrt eine lange Tradition. Ohne die Mitarbeit der Crews und der Techniker gäbe es viele Innovationen im Flugzeug gar nicht. Jeder Fehler wird dokumentiert und dahingehend geprüft, ob es an den Instrumenten lag oder an der Bedienungsanleitung oder an den Verfahrensschritten oder an der Kommunikation zwischen den Piloten untereinander, mit den Lotsen, mit den Technikern, nur um ein paar Beispiele zu nennen. Für jede dieser Arten von Fehlern lässt sich, solange sie nicht vertuscht werden, eine Lösung entwickeln. Damit die Schwelle möglichst niedrig ist, Fehler zuzugeben, erfahren Piloten grundsätzlich keine negativen Konsequenzen, außer es handelte sich um vorsätzliche Verstöße gegen die Flugsicherheit. Diese sind aber äußerst selten, da sie die Lizenz kosten, ohne Wenn und Aber. Piloten sind darauf bedacht, Regeln und Verfahren einzuhalten. Allerdings müssen Entscheidungen auch außerhalb von Verfahren getroffen und Situationen außerhalb des Standards bewältigt werden. Stellt sich eine Entscheidung im Nachhinein als fehlerhaft dar, hat ein Pilot die Möglichkeit, einen Bericht darüber zu verfassen, auf Wunsch auch anonym. Je detaillierter er beschreibt, wie es aus seiner Sicht zu dem Fehler kam, umso besser. In den Sicherheitsabteilungen der Airlines werden alle Berichte gesammelt und ausgewertet und, wenn es sich um wiederkehrende Probleme oder besondere Ereignisse handelt, in der monatlichen Ausgabe des Flugsicherheitsreports besprochen. Gegebenenfalls finden Fehleranalysen auch in einem Vieraugengespräch statt, jedoch ohne einen Schuldigen zu suchen, sondern um Lernzuwachs zu fördern und konkreten Handlungsalternativen Raum zu geben. Auch in der Pilotenvereinigung Cockpit (VC) gibt es eigene Arbeitsgruppen zum Thema Sicherheit, die sich mit konkreten Schritten für die zukünftige Vermeidung von Fehlern beschäftigen. Konkrete Schritte können sein, Instrumente zu verbessern, an der Reihenfolge von Verfahren zu arbeiten, präzisere Arbeitsanweisungen zu schreiben, sogenannte *human factors*, also menschliche Faktoren zu schulen, das Flugtraining im Simulator abzustimmen, die Zusammenarbeit mit externen Ansprechpartnern, beispielsweise Technikern, Fluglotsen, Abfertigungsagenten, Brückenfahrern, Lieferanten, zu verbessern. Im Grunde führt jedes verbesserte Verfahren dazu, Fehler zu minimieren und damit das

Risiko für Unfälle einzudämmen. Das gilt in der Luftfahrt wie in jedem anderen Bereich. Fehler gehören notwendigerweise zum Leben und sind da, um daraus zu lernen. Wer das akzeptiert, wird den eigenen Flug durchs Leben schon meistern.

Fehlerarten und Strategien

- *Fehler durch körperliche Defizite:* Dazu gehören physiologische Faktoren wie Hunger, Müdigkeit, Stress. Vermieden werden sie durch verbesserte Selbstwahrnehmung, Pausen, Mahlzeiten und aktive Stressbewältigung.
- *Interpretationsfehler:* Wenn wir eine Suggestivfrage stellen, können wir davon ausgehen, dass die Antwort davon beeinflusst wird. Also besser offene Fragen stellen, anstatt die erwartete Antwort bereits in der Frage zu formulieren.
- *Wahrnehmungsfehler:* Diese führen zu einem Unterschied zwischen objektiv vorhandenen Fakten und individueller (subjektiver) Einschätzung der Situation und der eigenen Fähigkeiten. Dagegen hilft: genau hinsehen, vorschnelle Schlüsse vermeiden, zweite Meinung einholen, Perspektive wechseln – sich fragen, wie ein anderer in der gleichen Situation gehandelt hätte.
- *Technikglaube:* Die Technik ist immer nur so gut wie die Daten, mit denen der Mensch die Technik „füttert". Wenn fehlerhafte Daten programmiert werden, fliegt der Autopilot falsch. Sich allein auf die Technik zu verlassen,

ist unklug. Stattdessen sollten immer wieder Überprüfungen stattfinden.
- ✓ *Zielfixierung:* Unbedingt ein Ziel erreichen zu wollen, kann dazu führen, wichtige Informationen auszublenden und einen sogenannten Tunnelblick zu entwickeln. Nur weil man es will, erreicht man kein Ziel. Auch die Umstände müssen entsprechend stimmen! Daher ist es wichtig, regelmäßig vom Detail ins Ganze zu wechseln und den Überblick zu behalten.

13
Warum Piloten einen an der Waffel haben und wir von ihnen profitieren

Vielleicht ist Ihre Freundin Pilotin oder Ihr Freund Pilot. Dann haben Sie sich bestimmt schon mal über ihr oder sein Kommunikationsverhalten gewundert.

Sie kommen vom Flughafen, wo Sie Ihren Schatz am „Kiss and Fly"-Parkplatz nach einem Nachtflug vom Dienst abgeholt haben, und geben im Auto mal richtig schön Gas. Von rechts heißt es dann plötzlich „speed". „Hää?", denken Sie noch irritiert und fahren weiter. „Fahr bitte langsamer" kommt als Nächstes und jetzt macht's klick. *Speed* ist ein sogenannter *call out* im Flugzeug, mit dem der eine Pilot den anderen hinweist, auf die Geschwindigkeit zu achten. *Call outs* gibt es übrigens für alle erdenklichen Situationen. Wird ein Höhenlimit überschritten, heißt es *altitude*, ist die Schräglage in einer Kurve zu hoch, bedeutet *bank* bitte gegensteuern. Stellen Sie sich vor, Sie sitzen im Auto und Ihr Beifahrer ruft in einer feurigen Rechtskurve „bank!" Statt dankbar „checked" zu sagen, würden Sie denken „Hat der einen an der Waffel?".

Piloten können sich höfliche Formulierungen im Cockpit nicht leisten. Erstens weil sie Zeit kosten, zweitens weil sie vom Inhalt ablenken. Botschaften haben ja bekanntlich immer zwei Seiten, eine emotionale und eine sachliche. Weil emotionale Botschaften leicht missverstanden werden können, beschränkt sich fachliche Kommunikation in der Luftfahrt auf den sachlichen Aspekt.

Das erhöht die Sicherheit, und somit profitieren alle davon. Nachwuchspiloten müssen im Simulator regelrecht trainieren, alle „könntest du bitte …"-, „es wäre schön, wenn …"-, „sollten wir nicht …"-Sätze zu streichen und sich auf „speed", „bank" und „altitude" zu beschränken. Umgekehrt heißt es dann eben auch nicht „wenn du meinst …", „danke, das hab ich mir schon gedacht ..." oder „wenn's sein muss", sondern „checked".

Pilotensprache bedeutet klare Sprache. Es gibt nur wenige Spezies, die das ebenso gut beherrschen, zum Beispiel Eltern.

Vor dem Essen: „Hände waschen", vor dem Schlafen: „Zähne putzen", Rumturnen nach 22 Uhr: „Ab ins Bett!", lautstarker Geschwisterstreit: „Ruhe!" Das Ziel ist das gleiche, unmissverständlich deutlich machen, worauf es in der jeweiligen Situation ankommt. Je höher der situative Notstand, desto knapper werden die Formulierungen.

Leider sagen Kinder in seltenen Fällen „checked" und tun, was man von ihnen verlangt. Sie wollen für alles eine Erklärung, einen zärtlichen Unterton, einen emotionalen Anker. Das Gleiche gilt für Ehepartner, Freunde und Verwandte. Das ist gut so und soll auch so bleiben. Dennoch lohnt sich in vielen Fällen auf den Punkt zu kommen, nicht nur wenn Ihr Schatz Pilot ist. Das gilt besonders in Konfliktfällen, wenn man sich vor lauter Aufregung um Kopf und Kragen redet. Dann seien Sie froh, dass Ihre Freundin Pilotin ist oder Ihr Freund Pilot. Sie dürfen Klartext reden und hoffen, dass er oder sie es „checkt".

Fazit

Kommunikation findet auf mehreren Ebenen statt. Um Missverständnisse zu vermeiden, sollten Sie:

✓ vorher wissen, was Sie mit der Botschaft erreichen wollen,

- ✓ sich kurz und präzise fassen, wenig Deutungsspielraum lassen,
- ✓ mitteilen, was Sie in der jeweiligen Situation von Ihrem Gegenüber erwarten,
- ✓ prüfen, ob das Gesagte wie beabsichtigt angekommen ist,
- ✓ bei aller Sachlichkeit auf eine positive emotionale Grundstimmung achten.

14
Warum Piloten Kommunikationstalent brauchen

Die Kommunikation im Flugzeug ist eine wichtige Angelegenheit. Einerseits soll sie sachlich und präzise vonstattengehen, andererseits lebt der Erfolg des Fluges sehr vom „guten Klima", nicht zuletzt, weil auch wir Passagiere das zu spüren bekommen.

Dafür braucht man, wenn man so will, eine Kopfstimme und eine Bauchstimme. Im Cockpit braucht der Pilot die „Kopfstimme", er soll seinen Verstand benutzen, sachlich und klar kommunizieren, sich an Checklisten halten, Entscheidungen überlegt treffen und ohne Umschweife auf den Punkt kommen. Piloten untereinander wissen das und finden es völlig normal. Kommunikation dient in erster Linie der Information.

Sobald der Pilot sein Cockpit allerdings verlässt, muss er gewissermaßen einen kommunikativen Schalter umlegen.

„Liebe Fluggäste, wir haben einen AOG von unbestimmter Dauer und warten auf das Feedback der Technik." (Ein AOG ist ein *Aircraft on ground* – ein Flugzeug, das aufgrund eines technischen Ausfalls nicht starten darf). Informationen wie diese können für Verwirrung sorgen. Reine Fakten bedeuten für viele Menschen Stress. Gestresste Menschen im Flugzeug sind wiederum keine gute Sache. Also wird die Information so verpackt, dass sie von uns Gästen gut verarbeitet werden kann. „Liebe Fluggäste, wir sind startklar, haben jedoch von einem technischen System eine Fehlermeldung, die wir mit unseren Technikern vor Ort überprüfen. In wenigen Minuten werden wir weitere Informationen zur Verfügung haben und uns umgehend bei Ihnen melden." Eine Ansage wie diese danken wir einem Piloten in der Regel mit Verständnis und Akzeptanz. Wir finden das in Ordnung, blättern in der Zwischenzeit im

14 Warum Piloten Kommunikationstalent brauchen

Bordmagazin oder lassen uns von den Flugbegleitern auf andere Gedanken bringen. Die Flugbegleiter sorgen an Bord in besonderem Maße für das gute Klima, auch wenn sie hauptsächlich aus Sicherheitsgründen im Flugzeug sind. Im Auswahlverfahren werden neben Zuverlässigkeit und Krisenfestigkeit Kriterien wie Kontaktfreudigkeit, Liebenswürdigkeit, Umgänglichkeit, Besonnenheit und soziale Verträglichkeit getestet. Konflikte mit Passagieren sollen eher vermieden und wenn es nicht anders geht, sprachlich elegant gelöst werden. Von sprachlicher Eleganz ist wenig zu spüren, wenn Piloten ihre Checklisten lesen. Nahezu jedes Verfahren hat seine eigene Checkliste. Ob Tanken, Anflug, Landen, Schlechtwetteranflug, Triebwerksausfall – für alle diese Fälle gibt es einen Plan und eine klare Ansage. Der eine liest die Checkliste, der andere sagt „checked". Das Prinzip, das dahinter steckt, nennt sich Redundanz, und diese ist notwendig, damit alle Informationen richtig weitergegeben werden. Man könnte also behaupten, dass die Kommunikation im Flugzeug je nach Arbeitsaufgabe auf unterschiedlichen Ebenen verläuft. Sicherheitsbetonte Aufgaben auf der sachlichen Ebene, servicebetonte Aufgaben auf der kommunikativ-emotionalen Ebene. Diese Ebenen stehen manchmal auch konträr zueinander. Missverständnisse drohen zum Beispiel dann, wenn eine Information aus dem Cockpit allzu sachlich daherkommt. Zum Beispiel: „Wir haben einen Slot". Dieser Satz, einfach mal so nach hinten gerufen, kann heißen, „macht mal ein bisschen schneller", oder „nur zur Info, es kann knapp werden", oder „wir haben einen Slot und wollen wissen, wie weit ihr mit den Kabinenvorbereitungen seid". Oder „wir haben einen Slot und informieren euch gleich ausführlicher darüber."

Piloten wissen, was ein zeitkritischer Slot für die Flugbegleiter bedeutet und sollten in der Lage sein, vom Kopfmodus in den Bauchmodus zu wechseln. Statt einfach nur „wir haben einen Slot" nach hinten zu rufen, kommt also einer von ihnen in die Kabine. Sofern es seine Zeit zulässt, bietet ein Pilot auch schon mal seine Hilfe an. Auf jeden Fall versucht er Verständnis zu zeigen und die Vorteile des gegebenen Slots zu verkaufen. Manchmal erfolgt das Angebot, vor der nächsten Landung die Anschnallzeichen etwas früher anzumachen, damit das *Wasten* – so heißt der letzte Durchgang, bei dem die Abfälle eingesammelt werden, ohne Zeitnot stattfinden kann. Es ist also so eine Art Abkommen, das hier getroffen wird: Ihr beeilt euch ein bisschen vor dem Start, bekommt dafür etwas Zeit vor der Landung geschenkt. Damit die Flugbegleiter nicht ganz allein dastehen mit ihren Argumenten, haben sie eine Purserette oder einen Purser. Das ist der Chef der Kabine und erster Ansprechpartner für die Piloten. In kritischen Fällen wird er oder sie auch schon einmal zum Vermittler. Meistens klappt das ziemlich gut. Es gibt aber auch Fälle, da hängt der Haussegen schief. Dann rumort es schon mal in der Kabine, wie in einem Bauch nach einem Kilo Kirschen. Das ist gar nicht gut für das Klima an Bord. Damit dieses freundlich entspannt bleibt, gibt es für Flugzeugcrews spezielle Trainings. *Crew Resource Management* (CRM) nennt sich das Ganze und soll dafür sorgen, dass die Kommunikation rund läuft. Reibungslose Kommunikation ist nicht nur für den Wohlfühlfaktor wichtig, sondern auch die Grundvoraussetzung für Sicherheit. Je besser die Verständigung, desto höher die Sicherheit. Damit die Richtung nicht zu einseitig vom diensthöheren zum dienstniederen Rang erfolgt, lernen alle das 360-Grad-Feedbacksystem kennen und anzuwenden. Nirgendwo sonst als im Flugzeug ist es so unkompliziert, seinem Chef die Meinung zu sagen. Auf Fehler, die er macht, muss sogar ausdrücklich hingewiesen werden. Es hat in der Vergangenheit Unfälle gegeben, bei denen der Wurm genau an dieser Stelle genagt hat oder der Copilot sich eher die Unterlippe blutig gebissen hat, als dem Chef das Ruder aus der Hand zu nehmen. Das letzte Wort auf der Blackbox war dann ganz unsachlich „Sch…". Aber, es wäre kein guter Pilot, der nicht aus Fehlern lernt. Fehler oder Zwischenfälle werden genau dokumentiert und ausgewertet. Deswegen und dank der regelmäßigen Schulungen bleibt trotz steigendem Verkehrsaufkommen Fliegen sicherer als Autofahren, und Sie dürfen sich ganz entspannt nach hinten lehnen und noch einen Tomatensaft bestellen. Der geht bei den meisten Airlines aufs Haus.

Fazit

- ✓ Um eine Nachricht zu übermitteln braucht es a) einen Sender und b) einen Empfänger.
- ✓ Die Nachricht kann auf entweder a) auf der Sachebene oder b) auf der Beziehungsebene oder c) als Vermischung von beiden Ebenen übermittelt werden (Beispiel: Ein Beifahrer macht den Fahrer an der Ampel aufmerksam, indem er mitteilt „Es ist grün.").
- ✓ Damit stehen verschiedene Interpretationsmöglichkeiten zur Auswahl: a) der Empfänger empfängt ausschließlich den objektiven Informationsgehalt (Es ist grün.), b) der Empfänger nimmt nur die emotionale Seite wahr (den

strengen Unterton), c) der Empfänger registriert beides (Es ist grün. Warum blickst du es mal wieder nicht).
- ✓ Umgekehrt kann der Sender verschiedene Absichten in seine Botschaft hineinlegen: a) eine rein informative, sachliche (Es ist grün.) b) eine emotionale (Ich möchte dir die Welt erklären.) c) eine Vermischung von beidem (Es ist grün, wir beide sind ein gutes Team).
- ✓ Wenn Piloten im Cockpit dienstlich kommunizieren, geschieht das auf der rein informativen Sachebene (Es ist grün. Antwort: Checked).

15
Warum es manchmal so schwer ist, die eigene Meinung zu vertreten

Wann haben Sie zuletzt Ihrem Chef die ehrliche Meinung gesagt?

Oder Ihrer Ehefrau, Ihrem Ehemann, Ihren Verwandten, Nachbarn? Sie trauen sich nicht? Oder haben sich getraut, mit dem Ergebnis, dass vor all diesen Personen zwei zusätzliche Buchstaben stehen: Ex… Das ist schade, aber keine Ausnahme, nicht einmal Piloten sind davor gefeit, mit der eigenen Meinung auf taube Ohren zu stoßen.

Im Cockpit einer koreanischen Airline verpackte einmal ein Bordingenieur Warnhinweise so gut, dass der Kapitän sie weder zu verstehen schien, noch darauf einging. Das Flugzeug zerschellte an einem Berg, weil der Kapitän trotz schlechten Wetters einen „Sichtanflug" durchführte. Der Wortlaut des Bordingenieurs lautete: „Das Wetterradar hat uns heute sehr geholfen." Was er damit ausdrücken wollte, war „ich bin der Meinung, dass wir diesen Anflug auf Sicht nicht durchführen dürfen." Er hatte wohl angenommen, dass ihm der Kapitän die Kritik verübeln würde und hat daher seine Bedenken in Watte gepackt. Mit dem Ergebnis, dass sie so gedämpft waren, dass sie auf taube Ohren stieß. Fälle wie diese zählen zu den häufigsten Unfallursachen der Luftfahrt. Es ist sicherlich kein Zufall, dass jene Airlines zu den sichersten zählen, bei denen Kommunikation intensiv trainiert wird und wo es erlaubt ist, ja sogar gefordert, seinem Chef (ehrlich) die Meinung zu sagen. Stellen Sie sich eine Dienstbesprechung unter Medizinern vor: Oberarzt, Chefarzt, Assistenzarzt, Oberschwester, Schwesternschülerin, Pfleger. Es braucht nicht viel Fantasie zu raten, wer hier wem die Meinung sagen darf. Genauso wie es in Büroetagen während der Montagssitzung der Fall ist. Nichts geht über die goldene Leiter der Hierarchie. Wer diese einmal erklommen hat, darf seine Meinung ungeniert hinaustrompeten und jegliche Kommentare geflissentlich ignorieren oder bestrafen.

Meinungen scheinen in erster Linie dazu da zu sein, verteidigt zu werden. Besonders auf Gebieten, in denen wir uns auf vertrautem Terrain bewegen und Erfahrungsvorsprung besitzen. Wir laufen dann nicht unbedingt umher und fragen Anfänger nach ihrer Meinung. Know-how, das wir uns mühsam erarbeitet haben, lassen wir uns nicht aus der Hand nehmen. Wenn überhaupt, dann tauschen wir uns mit anderen Experten darüber aus. Dafür gibt es Konferenzen, Foren, Aufsichtsratssitzungen. Wozu die Mitarbeiter fragen, wenn diese vom Business ohnehin keine Ahnung haben. Oder warum den Nachbarn, dessen Garten wie Kraut und Rüben ausschaut, nach dessen Ansichten zur Blattlausbekämpfung. Je deutlicher der Mensch von unserem eigenen Weltbild, unseren Werten, unserem Erscheinungsbild abweicht, desto mehr wächst unsere Skepsis in Bezug auf dessen Meinung. Wenn wir in der Position sind, sie zu verhindern, tun wir das. Auch wenn es hart klingt, aber wir schotten uns regelrecht vor ungebetenen Ansichten ab. Ob das belehrende Hinweise zum Parkverhalten sind oder gutgemeinte Tipps der nervigen Kollegin, anderen Ansichten gegenüber verhalten wir uns distanziert. Anders liegt der Fall, wenn wir auf jemanden treffen, der gleicher Meinung ist und genauso handelt, wie wir es tun würden. Dann sperren wir unsere Ohren auf und hören zu. Wir freuen uns über die Bestätigung. Merken im schlimmsten Fall noch nicht einmal, wenn wir einem Schleimer auf den Leim gehen, so sehr freut uns die gleiche Gesinnung. Das ist schade, aber nur allzu menschlich. Wissenschaftlich heißt das *Confirmation Bias* – oder Bestätigungsfehler. Wir wählen nur jene Informationen aus, die mit unseren Ansichten übereinstimmen und blenden jene aus, die ihnen widersprechen. Dass wir uns dabei selbst in die Taschen lügen, fällt uns noch nicht einmal auf. Wir begehen den Bestätigungsfehler so lange, bis wir an der Richtigkeit unserer Theorien und unseres Handelns keinen Zweifel mehr haben. Die Kunst liegt nun darin, diesen Kreislauf zu durchbrechen. Fremde Meinungen zuzulassen und die eigenen angemessen zu vertreten. Und hier liegt die Krux der Unfallvermeidung in der Luftfahrt.

Häufigste Unfallursache im Flugzeug war in der Vergangenheit nicht etwa technisches Versagen, sondern der *human factor*, also genau jener Fall, bei dem ein Unglück durch ein klares Feedback vermeidbar gewesen wäre.

Daher schreibt die Internationale Luftaufsichtsbehörde (IATA) regelmäßige Kommunikationstrainings unter Piloten und innerhalb der Crew vor. Bestandteil dieser Trainings ist das Feedback. Ein korrektes Feedback führt nämlich genau dazu, dass die eigene Meinung gehört und eine abweichende Meinung als Perspektive oder Möglichkeit akzeptiert wird. Ein Copilot muss dem Kapitän jederzeit die Meinung sagen dürfen. Wenn augenscheinlich ein Fehlverhalten vorliegt, muss er sogar das Steuer übernehmen, ohne Wenn und Aber. Tut er es nicht, handelt er fahrlässig. Sehenden Auges in ein Unglück zu fliegen, nur weil aus Hierarchiegründen sich jemand nicht traut, einen Einwand zu erheben, kann tödliche Folgen haben. Nicht nur für einen selbst, sondern auch für die Passagiere an Bord. In einem anderen Unternehmen geht es freilich selten um Menschenleben, sondern um Geld, verpasste Chancen, um Arbeitsplätze. Und das nur, weil tatenlos der Meinung Einzelner gefolgt wird. Dabei ist ein echter Leader der, der andere Meinungen zulassen, der aktiv andere Perspektiven einfordern kann. Der bereit ist, eigene Ansichten infrage zu stellen. Weiterentwicklung basiert auf Veränderung, dazu gehört auch das Eingeständnis von Fehlern, die Erweiterung des eigenen Weltbildes durch fremde Perspektiven. Zuhören, nicht bewerten, akzeptieren sollte derjenige, der Feedback bekommt. Was er daraus macht, bleibt ihm selbst überlassen. Man muss und kann seine Meinung gar nicht durch jeden Kommentar von außen verändern. Aber man kann Kommentare hinnehmen und ehrlich in sich hineinhören, ob an dem Gesagten etwas dran ist. Die Asiaten haben da im Übrigen einen ganz interessanten Ansatz. „Mit deiner Meinung bist du immer nur im Besitz der halben Wahrheit", heißt es dort, „... und du musst dich auf die Suche machen nach der anderen Hälfte." Vielleicht sollte uns das zu denken geben, unsere Verteidigungsposition zu verlassen und uns auf Expansionskurs zu begeben, was das Hoheitsgebiet der eigenen Meinung angeht. Sprich, durch möglichst viele unterschiedliche Ansichten zu einem größeren Verständnis eines Sachverhaltes zu gelangen. Chancen, etwas hinzuzulernen und eine Meinung zu ändern, bestehen gewissermaßen lebenslang. Trauen Sie das Ihrem Chef ruhig zu und seien Sie schön freundlich, wenn Sie Ihre Perspektive vertreten.

Fazit

Feedback ist eine Kommunikationsform. Genaugenommen handelt es sich dabei um nichts anderes als um eine Rückmeldung. So meldet ihr Bauch nach einer ausgiebigen Schlemmerei Ihrem Gehirn, mach ein Nickerchen, damit ich in Ruhe meine Arbeit machen kann. Umgekehrt signalisiert Ihr Gehirn, während es sich zum Beispiel auf das Schmökern in diesem Buch konzentriert: Hol mir doch mal ein Stück Schokolade.

Feedback ist für jeden Menschen und in jeder Situation geeignet, wenn man folgende Regeln einhält:

- ✓ *Objektivität:* Weil jeder seine eigenen Annahmen im Kopf hat und für gewisse Verhaltensweisen des Gegenübers sensibilisiert ist, gilt für Feedback die „Objektivitätsregel". Das heißt, man sollte sich vorher ein Bild von der Situation gemacht haben, bevor man ein Feedback gibt. Eventuell gibt es ja äußere Umstände, die das Verhalten einer Person massiv beeinflussen. Zu den äußeren Umständen kann im Übrigen auch das eigene Verhalten gehören.
- ✓ *Sachlichkeit:* Der Feedbackgeber sollte sich darum bemühen, die eigene Beobachtung sachlich darzustellen. Der Feedbacknehmer wiederum sollte die Perspektive des anderen respektieren und für sich prüfen, ob und welche Schlüsse er daraus ziehen kann. Wenn Unklarheit darüber besteht, ob es auf der emotionalen Ebene zu Missverständnissen gekommen ist, sollten diese gezielt angesprochen werden.

- ✓ *Zeitnähe:* Nach ein paar Wochen ein Feedback zu geben, ist so erfolgreich wie das Wässern eines Kunstrasens. Das Gegenüber kann kaum etwas davon aufnehmen, weil es die Situation vermutlich längst vergessen hat. Deswegen lieber gleich etwas sagen, oder es bleiben lassen.
- ✓ *Ohne Wenn und Jaber:* Das am häufigsten gebrauchte Wort in einem Feedbackgespräch ist *Jaber*. Ja, aber… sagt derjenige gerne, der das Feedback bekommt, und versucht sofort sich zu rechtfertigen. Ein Feedback sollte man respektieren. Welche Schlüsse man daraus für sich zieht, bleibt einem ja immer noch selbst überlassen, man kann beim Lesen die Schokolade essen oder nicht.

Ebenfalls interessant ist die *3W-Regel*, an die sich Piloten für das 360-Grad-Feedback halten:

Wahrnehmung: Was habe ich beobachtet?

Wirkung: Wie interpretiere *ich* die Situation?

Wunsch: Was wünsche ich mir jetzt von meinem Gegenüber?

16
Warum Piloten, wenn sie „briefen", keine Briefe tippen

Die meisten Menschen mögen es, wenn Dinge wie am Schnürchen laufen. Sie auch? Dann wissen Sie bestimmt auch, was Sie dafür tun können. Planen, vorbereiten und für den richtigen Rahmen sorgen. „Gut geplant ist halb gewonnen", lautet ein schönes Sprichwort. Ob Sie einen Kindergeburtstag organisieren, eine Vereinsfeier oder ein Projekt im Job – im Grunde liegen Sie mit diesem Motto immer richtig. Wenn Piloten vor dem Flug ein sogenanntes Briefing halten, tun sie nichts anderes als planen, vorbereiten und den richtigen Rahmen setzen.

Im Detail läuft das folgendermaßen ab: Die beiden Piloten treffen sich, stellen sich einander vor und tauschen ein paar persönliche Sätze. Dabei geht es auch darum, ein Gefühl füreinander zu bekommen, gegenseitig Erfahrungen mit der Flugroute und dem Zielflughafen auszutauschen, sich gegebenenfalls auf eventuelle Besonderheiten hinzuweisen. Dann wird beschlossen, wer den Hinflug macht und wer den Rückflug. Derjenige der fliegt, ist *Pilot Flying* (PF), derjenige der kontrolliert, ist *Pilot Nonflying* (PNF). Anschließen werfen beide einen gemeinsamen Blick auf die Papiere. Dort stehen sämtliche Informationen für den bevorstehenden Flug, also Wetterdaten, Streckeninformationen, Wartungsinformationen, Passagierdaten, Zeit innerhalb derer der Start erfolgen muss (Slot), Ladegewicht, Informationen zum Flughafen, wie zum Beispiel die Art des Anfluges. Auf der Basis dieser Daten wird beschlossen, wie viel Kerosin getankt wird.

Dann gehen beide Piloten zur Kabinencrew, die zeitgleich ebenfalls ein Briefing über den Serviceablauf und die Verteilung der Arbeitspositionen abgehalten hat. Die

16 Warum Piloten, wenn sie „briefen" …

Piloten gehen einmal reihum und stellen sich mit Namen und Handschlag vor. Dann werden sämtliche Informationen zum Flugverlauf an die Crew weitergegeben, die vorgesehenen Start- und Landezeiten, das Wetter, die Beladung und Passagierinfos, die Route. Im Anschluss findet ein Sicherheitsbriefing statt, d. h., es werden sicherheitsrelevante Themen besprochen, beispielsweise wenn ein Anflug über Wasser erfolgt, dass im Evakuierungsfall Schwimmwesten gebraucht werden, oder was zu tun ist, wenn plötzliche Turbulenzen auftreten, oder wie in medizinischen Notfällen zu verfahren ist. Natürlich sind diese Themen trainiert worden, aber eine kurze Auffrischung im Briefing sorgt dafür, dass sie abrufbereit bleiben und im Notfall jeder Handgriff sitzt. Piloten wissen gerne, mit wem sie es zu tun haben und welche zusätzlichen Ressourcen innerhalb der Crew vorhanden sind, wie beispielsweise eine medizinische Zusatzausbildung, Sprachkenntnisse oder Berufserfahrung etc. Vergleichen kann man das mit einem Trainerduo, das sich über die Fitness, die Erfahrung und die Einsatzmöglichkeiten seiner Spieler informiert, auch um zu wissen, auf welche Fähigkeiten und Reserven sie im Spielverlauf bauen können. Der Purser ist der Chef der Kabinencrew und somit erster Ansprechpartner für die Piloten. Allerdings werden Hierarchien im Normalfall bewusst flach gehalten, damit jeder mit jedem zu jedem Zeitpunkt in Kontakt treten kann, wenn die Situation es erfordert. Das ermöglicht schnelles Handeln. Manchmal müssen in Sekundenbruchteilen Entscheidungen getroffen werden, und genauso schnell müssen sicherheitsrelevante Informationen von jedem Punkt des Flugzeuges aus übermittelt werden.

Die Flugbegleiter haben ein internes Telefon, mit dem sie entweder den Purser oder direkt die Piloten informieren können. Im Übrigen gibt es auch Handzeichen. Zwei, die Sie vielleicht auch schon mal bemerkt haben, sind Daumen hoch und Daumen runter. Daumen hoch bedeutet okay, Daumen runter bedeutet nicht okay. Diese beiden Zeichen gelten überall am Flughafen, auf dem Vorfeld, im Flieger. Jeder der vielen Menschen, die helfen, dass ein Flug zustande kommt, vom Reinigungspersonal über Gepäckfahrer, Brückenfahrer, *Push back*-Fahrer, Abfertigungsagenten, Check-in-Mitarbeiter, Techniker, Cateringpersonal bis zur Crew, kennt und verwendet die Daumensprache. Ein Pilot ist im Übrigen eine Führungskraft und das vom ersten Tag an. Somit ist er Vorbild, Impulsgeber, Vermittler und Anlaufpunkt für alle diese Menschen, allen voran natürlich für seine Crew. Damit das gut funktioniert, trainieren Piloten ihre Führungskompetenzen regelmäßig in Seminaren. Gute Führungskräfte wissen, wie wichtig Rahmenbedingungen sind, und helfen, diese so zu gestalten, dass jeder ungestört seinen Job machen kann. Dann nämlich können sie sich selbst ebenfalls auf ihren Job konzentrieren und darauf vertrauen, dass alles wie am Schnürchen läuft. Gut gebrieft ist halb gewonnen, könnte man auch sagen.

Probieren Sie für Ihre nächste Planung doch einmal folgende Schritte aus:

- ✓ *Ziel festlegen:* Was soll erreicht werden, wie lautet die „Mission"?
- ✓ *Ressourcen prüfen:* Was ist schon vorhanden, worauf besteht eventuell Zugriff?
- ✓ *Wege kurz halten:* Was kann mit geringem Aufwand für das Ziel verwendet werden?

- ✓ *Kontakte ausschöpfen:* Absprachen mit Helfern fördern.
- ✓ *Kommunizieren:* Informieren Sie alle Beteiligten regelmäßig, seien Sie selbst erreichbar.
- ✓ *Alternativen:* Haben Sie immer einen Plan B und C im Blick und steigen Sie falls nötig darauf um.

17
Warum wir wollen, dass Piloten Helden sind und wir sie heimlich bewundern

Ganz klar ist es nur ein Mythos, doch ein hartnäckiger, irgendwie. Objektiv gesehen bewundern wir sie ja auch gar nicht, sie tun ja auch nur einen Job, wie Millionen andere Menschen auch, da muss man keinen Wirbel machen. Subjektiv hingegen hat das Wort Pilot einen Nachhall, der sich anfühlt wie Kaugummi schmeckt. Lässig, locker, sonnenverwöhnt stellt sich unser Unterbewusstsein den klassischen Piloten vor. Genauso wie wir uns das Fliegen vorgestellt haben, bevor wir damit angefangen haben. „Über den Wolken muss die Freiheit ..." – bevor wir es besser wussten, haben wir das Lied schon gefühlte hundertmal mitgesungen und dabei Cocktails geschwenkt, die exotische Namen hatten. Bei „Ich war noch niemals in New York" pulsierte unser Herzblut in der kollektiv gestimmten Strophe „einmal verrückt sein und aus allen Zwängen fliehn". Genau genommen war *das* verrückt und zwangloser ging es dann auch nicht mehr, doch haben diese „Flieger grüß' mir die Sonne"-Abende definitiv Anteil an unserer (geschönten) Vorstellung vom Fliegen. Die Realität lehrt uns immer dann eines Besseren, wenn wir in einer dieser klimatisierten, engen Flugzeugkabinen sitzen, zwischen lauter Fremden und dem mitunter beklommenen Gefühl des Ausgeliefertseins. Dabei sind wir ja nicht dem Flugzeug ausgeliefert, sondern den Piloten, deren Fitness, Kompetenz und Erfahrung, und natürlich wünschen wir inständig, dass alles davon ausgeprägt vorhanden ist und kein äußerer Umstand stärker ist als diese Tatsache. Wie sollen wir Vertrauen fassen, wenn wir hinter der verschlossenen Cockpittür zwei Angsthasen vermuten, oder draufgängerische Haudegen. Wir möchten bitte sehr zwei tüchtige, vernünftige, umsichtige Menschen, die sich ihrer Verantwortung bewusst sind. Dann können wir uns in den Sitz fallen lassen, ausatmen und zulassen, dass der Boden unter den Füßen schwindet und der Horizont sich weitet. Hinnehmen, dass unser alltägliches Leben zunehmend in die Ferne rückt und die Lust auf Neues sich ausbreitet, manchmal auch ein bisschen Angst. Letzteres scheint der Pilot in unseren Vorstellungen nicht zu kennen. Routiniert wechselt er zwischen dem Leben hier und den Weiten des Himmels dort. Weltoffen und weltgewandt muss er sein, der Pilot. Wir lieben Heldengeschichten, und es gibt sie die Heldenberufe, den Feuerwehrmann, den Arzt, den Fußballstar und den Piloten. Unsere Toleranz gegenüber Helden ist größer als die gegenüber Nichthelden, vorausgesetzt, Helden verhalten sich erwartungsgemäß. Aber vielleicht erwarten wir ja ein bisschen viel und vielleicht ist es ja auch nur ein Mensch, der seinen Job macht und der sich vom Klischee gedrängt fühlt, in einer Weise aufzutreten, die ihm gar nicht liegt. Und der trotzdem ein guter Pilot ist oder sogar noch ein besserer. Vielleicht steckt ja in jedem von uns ein Held und in jedem Helden etwas von uns. Und ein bisschen Bewunderung haben wir dann alle verdient, ohne Heldenmythos einfach nur dafür, dass wir da sind. Für Vorstellungen, wie etwas sein müsste, wäre dann gar kein Platz mehr, weil einfach jeder nur er selbst wäre und darin richtig gut.

Es gibt psychologische Phänomene, die hinter dem Heldenglauben stecken:

Angeborener Optimismus

Optimismus ist lebensnotwendig. Er bringt uns dazu Chancen zu ergreifen, Neues auszuprobieren und Mut zu fassen.

Wie lässt unser Gehirn Hoffnung entstehen? Dieser Frage widmete sich die Neurowissenschaftlerin Tali Sharot (2014). Eine der Antworten liegt darin, dass wir Ereignisse selektiv bewerten. Positive Ereignisse erinnern wir häufiger, negative verdrängen wir eher. Schauen Sie sich doch einmal Ihre Fotoalben an. Auf den meisten Bildern werden Sie glückliche Menschen, ansprechende Objekte oder schöne Schauplätze sehen. Es ist das Schöne, das wir gerne erinnern und das uns einen Schnappschuss wert ist. Jemandem, den wir aus einem optimistischen Blickwinkel heraus betrachten, trauen wir mehr zu. Piloten *wollen* wir etwas zutrauen, also sind wir ihnen gegenüber optimistisch gestimmt. An der Kompetenz eines Piloten zu zweifeln, würde keinen Sinn ergeben, da wir dann konsequenterweise gar nicht mit ihm fliegen dürften. Wir wägen also Nutzen und Risiken gegeneinander ab, und besonders dann, wenn uns letztere hoch erscheinen (in einer kleinen Propellermaschine im Nirgendwo), geben wir dem Piloten einen Vertrauensvorschuss und machen ihn zu unserem persönlichen Helden, wenn er uns sicher auf den Boden zurückbringt.

Halo-Effekt

In seinem Buch „Schnelles Denken, langsames Denken" (2012) schreibt Daniel Kahnemann, dass wir einem Baseballspieler, den wir sympathisch und athletisch einschätzen, bessere Leistungen zutrauen. Umgekehrt trauen wir einem Spieler, den wir unattraktiv finden, weniger zu. Attraktivität ist somit ein hervorstechendes Merkmal, an dem wir unsere Prognosen in Bezug auf die Fähigkeiten eines Menschen festmachen.

Der Effekt, der sich dahinter verbirgt, nennt sich Halo-Effekt. Nicht nur die Attraktivität einer Person, sondern auch Statussymbole, Titel und Uniformen nehmen Einfluss darauf, ob wir eine Person in einem positiven Licht sehen. Das, was uns bei einem Piloten zuerst ins Auge fällt, ist die Uniform. Die Uniform steht für Kompetenz und Professionalität. Einem Piloten in Uniform gewähren wir intuitiv einen Vertrauensvorschuss.

Dass selbst der berufliche Status eines Menschen eine Rolle spielen kann, zeigt ein interessantes Experiment:

Die Teilnehmer wurden gebeten, die mutmaßliche Körpergröße einer Person zu bestimmen. Dabei wurde die Person einmal als Student, als Tutor, als Dozent und als Professor vorgestellt. Die vermutete Körpergröße stieg mit der Statusstufe. Der „Professor" wurde schließlich 6,35 cm größer eingeschätzt als der angebliche Student. Dieser Versuch soll zeigen, wie leicht wir uns in unserem Urteil beeindrucken lassen.

Affektheuristik

Der Psychologe Paul Slovic (2010) ist der Meinung, dass Gefühle einen Einfluss darauf nehmen, wie wir Dinge beurteilen. Die emotionale Einstellung zu Dingen beeinflusst, wie wir Risiken und Nutzen bewerten. Eine positive Einstellung zum Fliegen führt demnach zu einer niedrigeren Risikoeinschätzung und höher empfundenem Nutzen. Eine negative Einstellung dagegen lässt uns Risiken höher bewerten und am Nutzen zweifeln. Wenn wir allerdings vom Nutzen einer Flugreise überzeugt sind, beispielsweise weil wir zur Fußballweltmeisterschaft nach Brasilien fliegen wollen, sinkt in unseren Augen das Risiko und steigt die positive emotionale Bewertung. Haben wir umgekehrt keine Lust auf die Dienstreise nach Sibirien, dann sind wir empfänglicher für mögliche Risiken und sehen das Ganze emotional deutlich nüchterner. Das lässt zwei Vermutungen zu: 1. Wenn wir in unseren Piloten Helden sehen, liegt das möglicherweise daran, dass sie uns in den Urlaub fliegen. 2. Wenn wir wohin fliegen müssen, worauf wir keine Lust haben, sind Piloten für uns im Normalfall eher keine Helden, es sei denn, wir fliegen in einer technisch zweifelhaften Maschine durch ein Schlechtwettergebiet, dann nimmt hoffentlich unser angeborener Optimismus (siehe oben) Überhand.

18
Warum sich Piloten mit Kompromissen nicht zufriedengeben

Kompromisse sind gut, bekommen wir von klein auf beigebracht. Wir sollen uns das Geld für ein Eis brüderlich teilen oder uns in der Schule anstrengen, damit wir am Wochenende eine Stunde länger aufbleiben dürfen. Später schließen wir mit der besten Freundin den Kompromiss, uns nicht in denselben Jungen zu verlieben, was unterm Strich ein fauler Kompromiss ist, weil es entweder zu einer Loose-loose-Situation führt oder dazu, dass man eine Freundin weniger hat. Je älter wir werden, desto mehr hat es den Anschein, dass ein Kompromiss hauptsächlich dazu da ist, einem etwas wegzunehmen, Freizeit oder Geld oder einfach nur Spaß. Wir essen gesünder, gehen früher schlafen und leben bewusster, um Tatkraft und Energie zu erhalten. Dafür verzichten wir auf alles, was früher problemlos ging, Rauchen, Trinken, Nutella mit dem Löffel essen. Aber was soll's – der Verzicht auf der einen Seite führt zu einem Gewinn auf der anderen. Wer es schlau anstellt, macht 50/50. Ein bisschen gesund leben für ein bisschen rauschhaft leben.

Was aber, wenn es nicht nur um 50 % für eine Seite geht, sondern um 80 % für beide? Dann steht man vor einem Dilemma, das sich in der Juristensprache „aporetischer Konflikt" nennt. Also ein Konflikt, bei dem beide Parteien Recht haben und obendrein voneinander abhängig sind. Wem das jetzt zu kompliziert wird, der versetzt sich mal in die Lage zweier Piloten, die entscheiden sollen, wie viel Kerosin getankt werden muss. Das ist eine extrem wichtige Entscheidung, die beide Piloten vor dem Flug gemeinsam treffen. Dabei stehen vor allem zwei Argumente gegeneinander an. Das erste ist Sicherheit. Neben dem Treibstoff, der für die geplante Flugdurchführung im Normalfall notwendig ist, besteht der Gesetzgeber auf einer Notfallration.

18 Warum sich Piloten mit Kompromissen…

Das ist gewissermaßen wie ein Reservekanister im Auto auf einer Route durch die Wildnis. Man weiß nie, was alles passiert, ob sich die Route wegen Hochwasser oder durch einen Buschbrand ändert. Natürlich gibt es in der Luft weder das eine noch das andere, aber es gibt Gewitter. Und weil diese keiner haben will, werden sie großzügig umflogen, was schon mal ein paar Tonnen Kerosin kosten kann. Ebenso kann es an einem Drehkreuz wie Frankfurt zu hohem Verkehrsaufkommen kommen, dann reihen sich Flugzeuge in eine Warteschlange ein. Sie fliegen ein sogenanntes *Holding*, das heißt, sie ziehen in unterschiedlicher Flughöhe mehr oder weniger weite Kreise. So ein Kreis über Frankfurt kann schon mal bis Würzburg reichen. Man ist zwar quasi schon am Ziel, wird aber noch ein paar Schleifen durch die Lüfte gelotst. Der einzige Grund, so ein *Holding* abzukürzen, ist, einen *Emergency* oder eine „priorisierte Landung" anzumelden. Das kommt vor, wenn zum Beispiel ein medizinischer Notfall an Bord ist oder der verbleibende Sprit auszugehen droht. Letzteres ist für Piloten allerdings kalkulierbar und somit vermeidbar. Um Risiken auszuschließen, könnte man nun großzügig Extrasprit tanken. Damit wäre die Sicherheitsfrage gelöst. Alles bestens, könnte man jetzt sagen, wäre da nicht die Kostenfrage. Treibstoff kostet Geld – und jetzt kommt der Finanzvorstand ins Spiel und legt seine Argumente auf den Tisch, die er unter der großen Formel Wirtschaftlichkeit zusammenfasst. Ein Flugzeug gehört zu einer Flotte von mehreren Flugzeugen innerhalb einer Airline. Bei der Lufthansa zum Beispiel sind das mehr als 600 Flugzeuge. Ein Flugzeug fliegt auf der Kurzstrecke mehrmals täglich. Im Laufe eines Tages kommt es somit zu mehreren tausend Flugbewegungen. Jede überflüssig mitgenommene Tonne Kerosin summiert sich da zu einem beachtlichen Betrag. Kosten, die anderswo ausgeglichen werden müssen, zum Beispiel durch steigende Ticketpreise. Je nach Marktlage kann das allerdings dazu führen, dass Passagiere zur Konkurrenz abwandern. Eine Airline steht somit vor der Herausforderung, Sicherheitsanforderungen einerseits und Wirtschaftlichkeit andererseits erfolgreich zu vereinbaren.

Und dieser Herausforderung begegnet ein Pilot täglich. Er ist es, der die finale Tankentscheidung trifft, nachdem er sorgfältig Informationen eingeholt und abgewogen hat. Vor jeder Entscheidung steht die Informationsbeschaffung. Genau das tun Piloten vor dem Tanken. Wetterdaten, Streckeninformationen, Ausweichflughäfen, Ladegewicht, Verkehrsaufkommen, Preise für Kerosin bei eventuellem Nachtanken im Ausland, das alles sind Daten, die der Tankentscheidung zugrunde gelegt werden. Am Ende ist es natürlich auch ein Stück weit eine Bauchentscheidung, ob eine oder zwei Tonnen mehr oder weniger mitgenommen werden. Aber grundsätzlich gilt, die Entscheidung ist umso besser, je mehr Daten zur Verfügung stehen. So wird aus der Entscheidung ein Konsens, ein Übereinstimmen in den wesentlichen Faktoren. Während bei einem Kompromiss die Antwort irgendwo in der Mitte zwischen sicher und wirtschaftlich liegt, werden bei einem Konsens Informationen gegeneinander aufgewogen. Auf einer innereuropäischen Strecke mit vielen Ausweichflughäfen und gutem Wetter kann schon mal Kerosin gespart werden, auf einer Transatlantikverbindung wird im Zweifel eher mehr getankt. Unterm Strich ist es wirtschaftlicher und sicherer für eine Airline, wenn Entscheidungen im Konsens getroffen werden, anstatt Kompromisse zu schließen, wo weder das eine noch das andere maximal ausgeschöpft werden kann.

Jetzt fragen Sie sich bestimmt, wie man Geld für ein Eis im Konsens aufteilt. Ganz einfach: Nicht jeder hat ständig Lust auf Eis, nicht einmal Kinder. Nach einer Tüte Haribo ein Eis zu essen, nur damit der andere keine zwei Kugeln für sich alleine bekommt, wäre unklug. Klug wäre zu verzichten, für dieses eine Mal und beim nächsten Mal derjenige zu sein, der beide Kugeln bekommt. Und die Sache mit dem Freund hätte man der Reihe nach… aber nein, manchmal ist es vielleicht doch besser, Kompromisse einzugehen.

Fazit

Das Leben ist schön, wenn man es leicht nimmt und anstelle der halben Portion die Fülle von Möglichkeiten sieht, die sich einem auftun, wenn man die Perspektive wechselt.

- ✓ Ein Kompromiss ist eine 50/50-Situation.
- ✓ Ein Konsens dagegen beinhaltet Übereinstimmung in wesentlichen Punkten und kann somit deutlich größeren Gewinn für beide Seiten bringen (80/80).
- ✓ Um einen Konsens zu schließen, ist es notwendig, den Fokus anstatt auf das Problem auf die Gesamtsituation zu lenken. Das geht gut mit Fragen wie: Was ist unser *gemeinsames* Ziel? Welche Ressourcen stehen uns zur Verfügung? Wie lassen sich individuelle Interessen des Einzelnen größtmöglich vertreten? Welche Informationen sind notwendig, um die Entscheidung zu treffen?

✓ Für einen Konsens braucht man Informationen, je mehr, desto besser, je umfassender der Blick auf die Gesamtsituation, desto höher ist die Wahrscheinlichkeit, einen tragfähigen Konsens zu finden.

19
Warum Piloten streiken

Ehrlich gesagt hätte ich dieses Thema gerne unbemerkt unter den Tisch fallen lassen, bei dem, was zum Thema Pilotenstreik schon alles in der Zeitung stand. Grundtenor in den Schlagzeilen ist ja meistens, Piloten verdienen sehr viel Geld und wollen noch mehr. Und ausgerechnet in der Reisezeit oder Freitagnachmittags müssen sie jetzt streiken. Nun möchte ich hier für niemanden Partei ergreifen, brauche ich ja auch nicht, denn das machen die Piloten ja ziemlich gut für sich selbst, so gut, dass wir auch in dieser Hinsicht etwas von ihnen lernen können. Denn irgendwie geht das Thema Streik uns alle an. Will nicht jeder von uns die eigenen Interessen schützen und notfalls auch durchsetzen, und kommt nicht jedem von uns irgendjemand in die Quere? Bevor ich allerdings mit dem Streik beginne, soll noch die Geldfrage vom Tisch. Piloten verdienen gut, das weiß jeder. Es gibt sogar eine Handvoll Kapitäne, die aufgrund einer Zusatzfunktion im Konzern mehr verdienen als die Bundeskanzlerin. Die Summen, von denen wir hier reden, treffen allerdings keinesfalls auf die übrige Pilotenschaft zu. Je kleiner die Fluggesellschaft, umso härter sind in der Regel die Konditionen für die Arbeitnehmer. Hinzu kommt die Tatsache, dass vor dem großen Geldverdienen eine jahrelange, wenn nicht jahrzehntelange Tilgung für einen Kredit läuft, in einer Größenordnung, vor der zumindest meine Großmutter auf jeden Fall gewarnt hätte. Ich kenne genügend Piloten, die als Verlader, Flugbegleiter oder Abfertigungsagenten arbeiten, um den Kredit abzuzahlen und bis eine der begehrten Pilotenstellen frei wird. Wenn Piloten streiken, profitieren in der Regel alle anderen Arbeitnehmer im Konzern, ebenso Piloten kleinerer Fluggesellschaften, weil sich in der Folge auch für sie

19 Warum Piloten streiken

die Konditionen verbessern oder verhindert wird, dass sie sich verschlechtern. Denn gestreikt wird häufig auch, um Einschnitte und Gehaltskürzungen abzuwehren, wenn sich die Betriebspolitik also gegen die Interessen der Piloten richtet. Und ab jetzt wird es lehrreich für uns alle, denn wer kennt das nicht, dass Entscheidungen über den eigenen Kopf hinweg gefällt werden, bei denen man am Ende den Kürzeren zieht. Wer möchte da nicht rebellieren. Sei es als Angestellter, Bürger, Mieter, Autofahrer, Kunde, Tierschützer oder Zeitungsleser, wer streiken will, braucht vor allem eines: Rückhalt, um Interessen wirksam zu vertreten. Piloten wissen das – und organisieren sich in einer starken Gemeinschaft, der Vereinigung Cockpit (VC). Das ist ein politisch unabhängiger, demokratischer, von den Piloten selbst bestimmter Verband mit knapp 10.000 Mitgliedern. Finanziert wird er aus monatlichen Beiträgen und Spenden. Ziel der Vereinigung ist es, die Interessen der Piloten zu vertreten, in sämtlichen politischen, verkehrstechnischen und tariflichen Belangen. Dazu gehört zum Beispiel die Einflussnahme auf die Gesetzgebung zu neuen Themen. Aktuell ist eines dieser „neuen Themen" der Einsatz von unbemannten Flugzeugen in der zivilen Luftfahrt. Die öffentliche Meinung hierzu geht auseinander. Die Skeptiker unter uns dürften sich auf die Seite der Piloten stellen, die verständlicherweise dagegen sind, Passagierflugzeuge ohne Besatzung fliegen zu lassen. Weiteres Interesse der Piloten ist die Flughafensicherheit, etwa dass Landebahnen ausreichend markiert, gesichert und beleuchtet sind, dass Aufsetzmarkierungen vorhanden und Windsäcke von jeder Bahn aus einsehbar sind. Dass dies durchaus keine Selbstverständlichkeit ist, zeigt die Flughafen-Mängelliste, die jährlich von der Vereinigung Cockpit herausgegeben wird und auf deren Grundlage schon zahlreiche Verbesserungen stattgefunden haben. (Diese Liste ist im Übrigen auf der Homepage der Vereinigung einsehbar.) Von der Arbeit der Piloten-Vereinigung profitieren also nicht nur die Piloten, sondern wir alle. Natürlich vertritt die Vereinigung Cockpit auch die tariflichen Interessen der Piloten, also Themen wie Arbeitszeit, Gehalt und die betriebliche Altersversorgung. Letztere kostet ein Unternehmen viel Geld und steht somit häufig zur Debatte, wenn es um Sparmaßnahmen geht.

Wenn Piloten streiken, dann nicht nur, weil sie es können, sondern auch weil sie es müssen. Denn sie stecken in einer besonderen Zwickmühle: Je länger sie für einen Arbeitgeber gearbeitet haben, umso größer sind die Nachteile bei einem Wechsel zu einer anderen Airline. Grund hierfür ist die Seniorität, also die Firmenzugehörigkeit in Jahren. In der Luftfahrt ist die Seniorität so etwas wie eine zweite Währung. Die Urlaubsvergabe, der Dienstplan, begehrte Einsatzorte, das alles wird nach Seniorität vergeben. Wer Kapitän werden will, braucht sie sowieso. Wer die Airline wechselt, fängt immer wieder von vorne an. Nahezu einzige Möglichkeit bleibt also, im bestehenden Arbeitsverhältnis daran zu arbeiten, dass die Arbeitsbedingungen akzeptabel sind und bleiben. Wie in einer guten Ehe funktioniert das über ein permanentes Aushandeln von Wünschen und gemeinsamen Zielen.

Wann immer die Interessen der Vereinigung Cockpit und der jeweiligen Airline kollidieren, gibt es Arbeitsgruppen auf beiden Seiten, die miteinander in regen Austausch gehen. Natürlich wird bei diesen Verhandlungen auch mal heftig diskutiert, am Ende findet sich jedoch beinahe immer ein Konsens. Letztendlich funktioniert gesundes wirtschaftliches Wachstum nur auf einer Basis von sicherheitsorientiertem Fliegen und zufriedenen Mitarbeitern. Und zufrieden sind diese wiederum, wenn sie am wirtschaftlichen Erfolg teilhaben und die sichere Flugdurchführung gewährleistet ist. Wenn es einmal gar keine Einigung geben sollte, ist der Streik das letzte Mittel der Wahl, Lust hat darauf eigentlich niemand. Aber es steht einfach zu viel auf dem Spiel, für beide Seiten. Je schneller eine Einigung gefunden wird, desto besser. Besonders an Streiktagen wird deutlich, dass die Vereinigung Cockpit ein ernst zu nehmender Partner ist.

Wenn Sie jetzt überlegen, dass es Ihnen ebenfalls gut tun würde, stärker für Ihre Interessen einzutreten, sollten Sie sich die folgende Vorgehensweise von den Piloten in der Vereinigung Cockpit abschauen:

- ✓ Ein klares *Ziel* aufstellen.
- ✓ Sich mit *Gleichgesinnten* organisieren.
- ✓ Sich auf (wenige) wichtige *Kernthemen* konzentrieren.
- ✓ Eventuell *Arbeitsgruppen* zu jeweiligen Themen organisieren.
- ✓ *Kontakte* zu Spezialisten und juristischen Beratern knüpfen.
- ✓ In regem *Austausch* stehen, Newsletter, regelmäßige Treffen.
- ✓ *Netzwerk* vergrößern.
- ✓ Öffentliche *Aufmerksamkeit* wecken.
- ✓ Gegenseitige *Unterstützung* bieten.
- ✓ Machbarkeit der *Forderungen* prüfen.

- ✓ Die *Perspektive der anderen Partei einnehmen, nachvollziehen und akzeptieren* – auch wenn es der eigenen Meinung widerspricht.
- ✓ *Konsensorientiert* argumentieren.

20
Warum Piloten häufiger simulieren

Was macht eigentlich ein Pilot, wenn er simuliert?

Piloten simulieren relativ häufig, mindestens viermal im Jahr. Das Training im Flugsimulator gehört während der gesamten Laufbahn zu den festen Bestandteilen des Dienstplans, auch wenn es sich bei dem Piloten um einen langjährigen Ausbildungskapitän handelt. Sein eigenes Können muss er immer wieder unter Beweis stellen. Die Autofahrer unter uns erinnern sich bestimmt noch an die Führerscheinprüfung. Wer diese bestanden hat, ist in der Regel heilfroh und hat wenig Lust, sich dem Stress erneut auszusetzen. Vor allem dann nicht, wenn der Test schon eine Weile zurückliegt. Je ferner die Prüfung, umso lieber verzichten die meisten von uns darauf, sie zu wiederholen, und das obwohl wir doch täglich Auto fahren, unfallfrei sogar. Aber sämtliche Verkehrsregeln aus dem Stehgreif benennen, das muss dann doch nicht sein. Ein Pilot sollte seine Verfahren aus dem Effeff kennen, wissen, wo er nachschlagen kann und wann die letzte Neuerung stattgefunden hat. Im Simulator kann nämlich passieren, dass danach gefragt wird. In Frankfurt steht der Simulator auf dem Gelände der Lufthansa. Dort „checkt" der Pilot ein und verschwindet für vier Stunden in der Kapsel. Er bekommt dann Gelegenheit, unterschiedliche Situationen zu üben: Start, Landung, Turbulenzen – Standardsituationen also, aber auch solche, die einem nicht jeden Tag begegnen, wie Triebwerksausfall im Abflug, Feuer an Bord, Windscherungen, Systemversagen. Uns würde vermutlich Angst und Bange werden, wenn wir dabei wären. Der Simulator ist nämlich verblüffend echt, irgendwann vergisst man tatsächlich, dass man in einer Kapsel sitzt, die über Hydraulikstelzen fest mit dem Boden verankert ist, und glaubt der beängstigenden Aussicht aus dem Cockpitfenster, besonders wenn es dazu ordentlich ruckelt. Ein Pilot darf sich davon nicht beeindrucken lassen. Ein Trainingskapitän, der sogenannte *Checker*, sitzt hinter ihm und dem Copiloten und überwacht deren Verhalten. Wenn es richtig fies wird, baut der Checker eine zusätzliche Hürde ein, indem er zum Beispiel den Copiloten anweist: „Du bist jetzt mal bewusstlos". *Incapacitation* nennt sich das und ist ja durchaus ein realistisches Szenario, wenn auch ein seltenes. Die meisten *Incapacitations* werden übrigens durch Lebensmittelvergiftungen hervorgerufen. (Aus dem Grund dürfen Piloten im Cockpit niemals das gleiche Menü bestellen.) Wenn der eine Pilot ausfällt, muss der andere die Kontrolle übernehmen. Also das Flugzeug fliegen, funken, Crew und Passagiere auf dem Laufenden halten, gegebenenfalls medizinische Hilfe organisieren, und irgendwann sollte er auch landen, mit der kompletten Arbeitsbelastung, die normalerweise durch zwei geteilt ist. Das ist machbar, aber eine echte Herausforderung. Je öfter man solch ein Szenario durchgespielt hat, desto sicherer fühlt man sich vorbereitet. Das ist also der Sinn des Simulierens. Dass ein Pilot trainiert, zu jedem Zeitpunkt mit jeder Situation fertigzuwerden. Denn wie schon ein altes Sprichwort sagt: „Übung macht den Meister".

21
Warum Verlieben die beste Strategie gegen Flugangst ist

Sich zu verlieben, dafür gibt es sicherlich viele gute Gründe, einer davon ist aus psychologischer Sicht so interessant, dass er sich in einem Buch übers Fliegen hervorzuheben lohnt.

Engster Verbündeter der Liebe ist das Vertrauen, ohne das würden wir kaum einem wildfremden Menschen unser Herz öffnen. Sich vorzustellen, gemeinsame Kinder zu haben, das eigene Leben zu teilen, dazu braucht es schon eine Menge Vertrauen. Das wiederum ist gleichermaßen eine große Sache, wenn es ums Fliegen geht. Ohne ein Minimum an Vertrauen würden wir keinen Fuß ins Flugzeug setzen. Das Gegenteil von Vertrauen ist Kontrolle. Das Bedürfnis, die Kontrolle zu behalten, ist immer dann besonders ausgeprägt, wenn die äußeren Umstände wenig Handlungsspielraum lassen, wie es am Flughafen der Fall ist: Sie geben Ihr Gepäck auf und damit irgendwie auch ein Stück weit sich selbst, begeben sich in eine schmale Röhre mit lauter wildfremden Gesichtern und werden zum Passagier. Flugbegleiter spielen Ihnen Gastfreundschaft vor und erklären geflissentlich, worauf Sie achten sollen, wenn es zu einem „unwahrscheinlichen Zwischenfall" kommt. Sie selbst machen zu allem eine gute Miene, welche Alternative hätte es schon gegeben: mit dem Schiff nach New York? Sie schauen sich die anderen Fluggäste an. Der eine nestelt nervös an den Hemdsärmeln, der andere gibt sich betont fröhlich, die Dame am Fenster blinzelt übertrieben oft mit den Augenlidern. Das Pärchen neben Ihnen ist auffallend still, er hält ihre Hand oder sie seine. Der Ausdruck um die Mundwinkel der beiden lässt offen, ob es sich um Lächeln oder Zahnschmerzen handelt.

Die einzigen, die sich hier wirklich wohlzufühlen scheinen, sind die Flugbegleiter. Die eilen emsig zwischen den

Reihen hin und her und scheinen keinen Gedanken daran zu verschwenden, dass sie sich bald in 10.000 m Höhe befinden werden und von dort aus eigener Kraft nicht wieder runter kommen, abgesehen vom freien Fall.

Eigentlich ziemlich verrückt, sich sehenden Auges in solch eine Lebensgefahr zu begeben. Mit dieser Erkenntnis stehen Sie übrigens nicht alleine da. Umfragen haben ergeben, dass mindestens 80 % aller Fluggäste einen Gedanken daran verschwenden, ob alles gut gehen wird. Viele haben sogar bewusste oder unbewusste Strategien, wie sie unangenehmen Gefühlen begegnen. Manche stellen sich vor, was sie tun werden, wenn sie am Zielort angekommen sind, andere reden sich die Tatsache schön, über den Wolken und damit mal so richtig frei zu sein, wieder andere lenken sich mit Excel-Tabellen vom eigentlichen Geschehen ab oder schauen Hollywood-Filme, um auf andere Gedanken zu kommen. Auch die hartgesottensten Vielflieger stoßen im Flugzeug schon mal Adrenalin aus.

Na, wenn das so ist, denken Sie sich und rutschen ein wenig auf dem Sitz hin und her. In den letzten Sekunden vor dem Start legt sich eine wohltuende Stille über die Köpfe der Mitreisenden, Sie schauen nochmal aus dem Fenster, tschüss Erde, und dann wirken die Beschleunigungskräfte. Es presst Sie so richtig schön in den Sitz hinein, unter heulenden Triebwerken wechselt der Horizont von der Waagerechten in die Schräge.

Ihr Körper reagiert umgehend. Seine Antwort lautet „Achtung, Gefahr". Das Herz pumpt vorsorglich ein paar Liter Blut in die Körperregionen, die für die Reaktion auf Gefahr zuständig sind, die Lunge verlangt nach ein paar tiefen Atemzügen, die Muskeln spannen sich an. Weglaufen geht jetzt nicht, kämpfen macht auch keinen Sinn, sich totstellen bringt nichts, also ist Ihr präfrontaler Cortex gefragt. Das ist jene Region im Gehirn, die für unsere Willenskraft ausschlaggebend ist und mit der wir rationale Kontrolle über die Dinge in unserer Umgebung erlangen. Rationalisieren, Ablenken, Kleinreden, an was Schönes denken sind die Strategien des Gehirns angesichts drohender Gefahren. Damit gewinnen wir zumindest Kontrolle über die körperlichen Reaktionen zurück. Von Wohlfühlen sind wir jedoch noch weit entfernt, auch wenn die Flugbegleiter uns dazu auffordern. Wohlfühlen geht anders. Sie erinnern sich dunkel an das warme Gefühl, das der Bauchmitte entspringt und Ihre Gesichtszüge entspannen lässt. Wir fühlen uns wohl, wenn wir uns ganz auf den Augenblick einlassen können und nichts zu fürchten brauchen. Wohlfühlen ist wie Surfen auf einer Welle von Möglichkeiten. Verliebtsein ist da natürlich der ultimative Zustand des Wohlfühlens. In dieser Verfassung wächst unser Vertrauen in unsere Umgebung. Mental sind wir dann in einem Zustand, in dem wir weniger Ängste haben und optimistischer in die Zukunft blicken.

Für unseren Körper sind übrigens Verliebtheit und Angst so ziemlich dasselbe. In beiden Fällen reagiert er mit Herzklopfen, einer verbesserten Blutzufuhr, tieferen Atmung, Herabsenkung von Hungergefühlen und einer gesteigerten allgemeinen Wachheit. Dazu existiert sogar ein ziemlich verrücktes Experiment. Das sogenannte „Brückenexperiment". Die beiden Studienleiter Donald Dutton und Arthur Aaron (1989) ließen Testpersonen jeweils über eine Hängebrücke und über eine stabile Brücke gehen. Auf beiden Brücken begegnete ihnen eine Frau. Diejenigen, die über die Hängebrücke gegangen waren, sich also einer potenziellen Gefahr ausgesetzt hatten, waren leichter geneigt, die Frau attraktiv zu finden. Sie übertrugen ihr Herzklopfen auf die Frau, anstatt auf den schwankenden Untergrund. Das Gehirn versuchte, sich einen Reim auf die erregten Nerven zu machen, und wählte statt der Gefahr die Liebe.

Wenn Sie das nächste Mal im Flieger sitzen und Herzklopfen bekommen, stellen Sie sich vor, Sie sind verliebt. Oder verlieben Sie sich doch einfach ins Fliegen.

Und wenn das nicht klappen will, sind hier gute Gründe, sich im Flugzeug sicher zu fühlen:

- ✓ Flugzeuge sind statistisch gesehen das sicherste Fortbewegungsmittel.
- ✓ Es gibt eine Internationale Luftaufsichtsbehörde (IATA), die strenge Richtlinien für Flugzeuge und Crews herausgibt und deren Einhaltung überwacht.
- ✓ Zusätzlich hat jede Airline eigene Sicherheitsauflagen.
- ✓ Eine Liste der sichersten Airlines finden Sie hier: http://www.jacdec.de/Airline-ankings/jacdec_safety_ranking_2013.htm
- ✓ Piloten haben, bevor sie Passagiere befördern dürfen, harte Auswahlverfahren durchlaufen, viele Trainingsstunden und Tests im Simulator absolviert, Prüfungen bestanden, sich wiederholt mit Ausbildungskapitänen auf der Strecke bewiesen, sie verfügen über ein sogenanntes ATPL, also eine offizielle Lizenz zum Fliegen, und ein *Type Rating* – eine spezielle Musterberechtigung des geflogenen Flugzeugtyps.

- ✓ Flugzeughersteller und Airlines arbeiten eng zusammen, wenn es darum geht, die Technik auf Sicherheitsanforderungen abzustimmen.
- ✓ Vor und nach jedem Flug werden Flugzeuge von Technikern geprüft.
- ✓ Für die Luftfahrt gilt: „safety first", Sicherheit geht vor, immer!

22
Warum Piloten glücklichere Menschen sind

Das ist zugegeben eine steile Hypothese, aber nachdem ich seit mehreren Jahren mit Piloten zusammenarbeite und in Seminaren regelmäßig trainiert habe, stelle ich immer wieder fest, dass Piloten zu den glücklicheren Menschen zählen. Wenn es an ihrem Beruf etwas auszusetzen gibt, dann sind das störende Rahmenbedingungen wie kurzfristige Dienstplanänderungen und die erschwerte Planbarkeit von privaten Angelegenheiten, Zeitdruck oder wirtschaftliche Auflagen der Airlines. Doch all das ändert nichts an dem empfundenen Glück, Pilot zu sein. Piloten fliegen leidenschaftlich gerne. Sogar nach Dienstschluss, nach einer Langstrecke und ein paar Stunden Schlaf gehen einige von ihnen fliegen, im Segelflugverein. Welcher Angestellte kann das schon von sich behaupten. In der Freizeit dasselbe zu machen wie an einem Arbeitstag – Akten bearbeiten, Tabellen erstellen, Verkaufsgespräche führen, E-Mails beantworten – Freizeitspaß sieht anders aus. Arbeit ist Arbeit und Freizeit ist Freizeit. Glück findet für viele erst nach Feierabend statt. Wahrscheinlich arbeiten die meisten überhaupt erst aus dem Grund, sich ihr privates Glück zu finanzieren. Die Erwartungen an den Job sind entsprechend niedrig, nicht die Arbeit soll glücklich machen, sondern das private Glück erarbeitet werden. Bei Piloten ist das umgekehrt. Um den Traumberuf auszuüben, müssen sie tief in die Tasche greifen. Ein Pilotenschein kostet mehrere 10.000 €. Einen Kredit in dieser Höhe aufzunehmen, verlangt nach der echten Überzeugung, etwas wirklich zu wollen. Piloten wollen fliegen. Fliegen ist gleichbedeutend mit Glück. Raus aus dem Alltag und rein in die Uniform. In der Luftfahrt gelten andere Gesetze als im Alltag. Auch wenn die Route hundertmal die gleiche ist, der einzelne Flug ist es nicht. Die Crew ist eine andere, die Gäste, die Wetterbedingungen. Jederzeit kann Unvorhersehbares geschehen. Abwechslung und Herausforderungen bestimmen den Arbeitstag eines Piloten. Immer steht er im Mittelpunkt als Verantwortlicher, Manager, Entscheider. Wenn eine Entscheidung getroffen werden muss, bleibt keine Zeit zu recherchieren, zum Wegducken schon gar nicht. Piloten müssen sich zu 100 % auf ihre Fähigkeiten verlassen und auf die ihrer Kollegen. Lösungen werden erwartet, auch außerhalb von Standardsituationen.

Sie haben ebenfalls einen verantwortungsvollen Beruf, einen, den Sie mit Leidenschaft ausüben? Dann sind Sie vermutlich alles in allem auch ein glücklicher Mensch. Einen Beruf auszuüben, der den eigenen Fähigkeiten und Interessen entspricht, ist ein großer Glücksfaktor. Das wirkt sich auch auf private Bereiche aus. Nun muss nicht jeder fliegen. Manch einer ist ein wahrer Pflanzenkenner und Hobbygärtner, leidenschaftlicher Koch oder begeisterter Fotograf. Ziemlich jeder von uns hat etwas, das er besonders gut kann und gerne macht. Bisweilen dauert es Jahre zu erkennen, welche Dinge das sind. Oder festzustellen, dass man lediglich den Erwartungen der anderen Genüge tut, eigene Interessen ins Hintertreffen geraten sind. Ob dies der Fall ist, erkennen Sie leicht, indem Sie auf die eigene Motivation achten. Was fällt Ihnen besonders leicht, und was ruft einen Widerstand in Ihnen hervor? Wenn es etwas gibt, das sich innerlich zur Wehr setzt, und sei es der Körper, der mit einem chronischen Leiden auf sich aufmerksam macht und unterdrückte Wünsche einfordert, ist es an der Zeit dem eigenen Erleben mehr Raum zu geben. Fähigkeiten und Talente brauchen Training, dazu müssen wir uns den Dingen widmen, die wir mögen. Also solchen, die uns alles andere vergessen lassen. Zeit spielt dann keine Rolle, auch nicht, was es sonst noch alles zu tun gibt. Mit jeder Stunde, in der wir uns unserer Leidenschaft hingeben, wächst unsere Expertise. Letztere ist von einem Piloten vor allem während des Starts und der Landung gefordert. Der restliche Flug und damit rund 90 % sind mehr oder weniger Routineaufgaben, wie Instrumente im Auge behalten und Funkkontakt halten, Passagiere informieren, Wetter beobachten. Aufmerksames Nichtstun könnte man sagen, und dennoch habe ich noch keinen Piloten gehört, der sich über Langeweile im Job beschwert. Gewiss spielt dabei die Tatsache eine Rolle, dass man als Pilot viel herumkommt, dass es zur Arbeitszeit gehört, sich an einem karibischen Traumstrand in die Wellen zu werfen oder in einer Metropole wie Singapur auf Entdeckungstour zu gehen. Die Vorfreude auf diese Dinge wirkt sowohl über ereignisarme als auch über stressige Momente hinaus. Letztendlich ist es die positive Einstellung zum Beruf, aber auch zum Leben insgesamt, die über das Empfinden von Glück entscheidet. So hat auch der Pilotenberuf seine Schattenseiten, wie den vielzitierten Spagat zwischen Beruf und Privatleben, nicht zu wissen, wie der Dienstplan in zwei Monaten aussehen wird, ob Weihnachten und Silvester fern der Familie zu verbringen sind. Dazu gehört eine gewisse Frustrationstoleranz und die Fähigkeit, sich selbst zu motivieren. Glück bedeutet dann, in jeder Situation das Gute zu sehen.

Das kann im Einzelnen für jeden von uns gelten. Auch wenn es sich um scheinbar aussichtslose Situationen handelt, nirgends macht sich das Bedürfnis nach Veränderung deutlicher bemerkbar. Sich darauf einzulassen, die dahinter verborgene Kraft wahrzunehmen und für positive Veränderungen zu nutzen, ist ein guter Start. Überlegen Sie, was Ihnen Freude bereitet, nehmen Sie sich Zeit für diese Dinge, das Glück kommt dann von ganz alleine.

Folgende Fragen können Sie sich für Ihr persönliches Glück stellen:

- ✓ Was mache ich besonders gerne und wie viel Zeit verbringe ich täglich damit?
- ✓ Bin ich mutig genug, an das zu glauben, was ich leidenschaftlich gerne tue oder tun würde?
- ✓ Welche drei Dinge sind mir wichtig?
- ✓ Kann ich alle drei Dinge mit meinem Job vereinbaren?
- ✓ Welche Veränderungen sollte ich herbeiführen, um häufiger das zu tun, was mir wichtig ist?
- ✓ Wie sähe die Qualität meiner Arbeit aus, wenn diese Veränderungen bereits stattgefunden hätten?
- ✓ Woran würden nahestehende Menschen und Kollegen merken, dass ich glücklich bin?
- ✓ Welche konkreten Schritte sind sofort realisierbar?

23
Das bisschen Fliegen …

Bestimmt fragen Sie sich, was ein Pilot eigentlich arbeitet, wenn doch Fliegen sein Hobby ist und am Zielort der Badestrand vorm Viersternehotel lockt. Neidisch könnte man da werden ... Auf den ersten Blick. Auf den zweiten könnte die Sache so aussehen:

Unser Pilot hatte einen „Stand-by-Block", d. h. Rufbereitschaft über mehrere Tage. Weil seine Familie in Bremen lebt, hat er die fünf Stand-by-Tage in einem Hotel am Frankfurter Flughafen verbracht. Am letzten Tag kam der Anruf der Einsatzplanung. Ein Einsatz mit Dienstplanänderung: Santo Domingo mit Zubringerflügen nach Panama und Antigua, Dauer des Einsatzes acht Tage. Der „Monatsrequest" (Wunschflug) nach Havanna geht somit flöten, denkt sich der Pilot und die Fünfzigjahrfeier des Segelflugvereins ebenfalls, zur Schulaufführung der Tochter wird er (wieder einmal) nicht erscheinen, die Grillparty mit Freunden wird verschoben – zum dritten Mal. Fluchen tut gut an dieser Stelle, dann durchatmen, Anruf zu Hause, Wogen glätten, was Schönes versprechen und rein in die Uniform. Rüber zur Basis und erst mal einen Espresso auf den Schreck. Einen Blick reihum schweifen lassen, tröstlich der Anblick der vielen Uniformen, Kopf in den Nacken, Espresso rein, ah, tut gut – angekommen. Nun aber Papiere besorgen und den Copiloten finden, oder die Copilotin. Die Kabinencrew hält schon ihr Briefing, alles bestens. Hm, das Wetter in der Karibik verheißt nichts Gutes, das wird einen ordentlichen Umweg geben, kann eine Stunde extra werden, Tankentscheidung treffen, technische Listen checken, Start vorbereiten. Die Maschine ist überbucht, bedeutet, im schlimmsten Fall Umbuchungen von Passagieren auf andere Flüge. Ein *Wheel Chair* (Rollstuhlfahrer) kommt an Bord und etliche

23 Das bisschen Fliegen ...

Kleinkinder – das kann beim *Boarden* (Einsteigen) länger dauern, könnte knapp werden mit dem Slot (vorgeschriebene Startzeit). Dann zum Kabinenbriefing, ein gutes Bild abgeben, wenn jetzt was schiefläuft, könnte das die Stimmung verderben, gar nicht gut auf einem Zwölfstundenflug mit Wetterkapriolen im Anflug. Also aufmerksam zuhören, ordentlich informieren, positives Arbeitsklima schaffen, Teamgedanken stärken, Sicherheitsfrage stellen – Thema Schwimmwesten, wegen des Anflugs über Wasser, und nun rasch raus zum Flieger. Der Abfertigungsagent wartet schon, die Techniker ebenfalls. Im Cockpit werden sämtliche Instrumente und Systeme gecheckt. Jedes System hat ein eigenes Verfahren, eine vorgeschriebene Reihenfolge und Checklisten. Weil es so viele sind, teilen sich die beiden Piloten die Überprüfung untereinander auf. Der Purser steckt den Kopf zur Türe rein, es gibt Probleme mit den Kaffeemaschinen. Muss sich der Techniker drum kümmern. Der wartet schon, weil er sein *Aircraft Acceptance Sheet* unterschrieben haben will, also die Bestätigung, dass der Flieger in einwandfrei technischem Zustand übergeben worden ist und der Kapitän ab jetzt die Verantwortung trägt. Das muss warten, die Sache mit den Kaffeemaschinen muss erst geklärt werden, ebenso der *Outside-Check*, also der Gang ums Flugzeug, bei dem unter anderem die Reifen und Triebwerke überprüft werden. Aber eins nach dem anderen. Die Kollegen vom Check-in melden sich, es fehlen noch Passagiere, wird verdammt eng mit dem Slot. Okay, aber erst die Systeme, dann der *Outside-check*. Der Flugbetrieb ruft an, erinnert an die pünktliche Landung, wegen der vielen Passagiere mit Anschlussflügen. Schon klar. Pünktlich landen bei verspätetem Start bedeutet schneller fliegen und mehr Treibstoff verbrauchen. Also sicherheitshalber nachtanken lassen. Der Abfertigungsagent kümmert sich derweil um die Koffer und die Beladung, auf die richtige Verteilung kommt es an, damit der Flieger im Trimm liegt. Sicherheitshalber schaut sich unser Pilot beim *Outside-check* das Ganze noch mal an. Alles in Ordnung. Der Tankvorgang ist beendet, die Techniker von Bord, alle Unterschriften gegeben und die Systeme überprüft, das Catering beendet, die Kabinencrew fertig mit den Vorbereitungen, herein mit den Passagieren. Vom Check-in kommt die Meldung, dass noch zwei fehlen, einer hat leider den Koffer schon aufgegeben. Der wird nun ausgeladen. Das war's mit dem Slot. ATC vergibt einen neuen, 20 min später. Die Anschlussflüge! Hoffentlich sind die Gewitter über der Karibik bis dahin abgezogen. Und bitte, liebe Crew, achtet darauf, dass das Handgepäck ordentlich verstaut wird, der Purser nickt, er wird es weitergeben. Einmal durchzählen, alle an Bord, die Papiere sind fertig, Unterschriften sind gegeben, die Brücke kann weggefahren werden. Unser Pilot hält Ausschau nach dem Brückenfahrer. Ist keiner da, komisch. Der Abfertigungsagent soll nochmal anrufen, geht keiner ran. Vom Tower kommt das Okay zum Anlassen der Triebwerke, das allerdings erst, nachdem der Brückenfahrer da gewesen ist. Wo der bloß bleibt! Dafür steht ein anderer schon ungeduldig bereit: der *Push back*-Fahrer, also jener, der den Flieger zur Bahn schieben will. Der Copilot gibt dem Kollegen vom Tower schon mal die Reiseflughöhe durch, holt aktuelle Wetterinformationen ein, erkundigt sich, welche Bahn freigegeben ist. Der Brückenfahrer wird doch nicht den neuen Slot vertrödeln… Ah! Da kommt er ja, schnell weg mit der Brücke und das Okay zum *Push Back* erteilen. Kurz vor der Bahn dann Stau, oh je, zwei Flugzeuge warten schon und sind zuerst an der Reihe…

Ihnen wird ganz schwindelig? Dabei geht der Flug doch jetzt erst richtig los! Auch wenn es nach Stress klingt, im Flugzeug darf keiner aufkommen. Deswegen die vielen Verfahren und Checklisten. Aber manche Dinge sind einfach unvorhersehbar, zum Beispiel wenn das Gepäck falsch beladen ist oder der Brückenfahrer nicht kommt oder eine Warnlampe aufleuchtet. Da hilft nur ein kühler Kopf.

Im Bestfall bleibt unser Pilot so gelassen, dass wir kurz nach dem Start, wenn die Reiseflughöhe erreicht ist, eine Begrüßungsansage bekommen, die dann so entspannt und sonnenverwöhnt klingt, wie wir es kennen: „Liebe Fluggäste, hier spricht Ihr Kapitän. Trotz unserer kleinen Verzögerung am Start werden wir unser Bestes geben, Sie pünktlich nach Santo Domingo zu fliegen. Genießen Sie den Service an Bord und die Vorfreude auf Ihren wohlverdienten Urlaub."

24
Zusammenfassung und Checkliste für den Flug durchs Leben

Im Cockpit gibt es Werkzeuge, die auch auf private und dienstliche Bereiche übertragbar sind, zum Beispiel in zeitkritischen Entscheidungssituationen, wenn es gilt, Prioritäten zu setzen. Der oberste Grundsatz eines Piloten lautet „Fly the Aircraft – fliege dein Flugzeug". Es gibt nichts Wichtigeres als die Kontrolle über das Flugzeug zu jedem Zeitpunkt zu behalten. Wie sieht es mit Ihnen aus? Was ist Ihre Hauptaufgabe, am Arbeitsplatz, zu Hause? Welche Angelegenheiten verdienen oberste Priorität? Was können Sie delegieren, was am besten bleiben lassen? Ein Pilot muss die Ressourcen um sich herum kennen und für sich und seine Aufgabe nutzen können. Diese Ressourcen können unter den Kollegen zu finden sein oder bei Mitarbeitern von Subunternehmen, auch nichtmaterielle Ressourcen wie Zeit, Pausen, Erfahrung, Wissen und Informationen sind wichtige Hilfsmittel eines Piloten. Nur bei ausreichender Kenntnis über die Ressourcen und Umweltbedingungen um ihn herum kann ein Pilot vernünftige Entscheidungen treffen. Ein systematisches Modell, das FOR-DEC-Modell, erleichtert Entscheidungsprozesse (siehe Tab. 11.1). Jeder Pilot ist angehalten, ein FOR-DEC durchzuführen, bevor er eine Entscheidung trifft. Gleichzeitig muss er flexibel genug sein, eine Entscheidung zu revidieren, sobald sich äußere Bedingungen und somit die Grundlagen für die Entscheidung verändert haben. Das unermüdliche Checken und Gegenchecken ist somit ein weiteres Grundprinzip im Cockpit. Während der eine Pilot fliegt, kontrolliert der andere. Wann immer Unregelmäßigkeiten und Unklarheiten auftreten, gibt es ein Feedback. Je schneller und klarer, desto besser. Dabei geht es nicht darum aufzudecken, *wer* einen Fehler gemacht hat, sondern *wo* der Fehler liegt und *wie* er behoben werden kann. Piloten lernen aus ihren Fehlern, sie wissen, dass es unvermeidlich ist, welche zu begehen in einem Umfeld, wo zeitkritische Entscheidungen auf hohe Arbeitsbelastung treffen. Allerdings dokumentieren Piloten ihre Fehler, sie schreiben sie auf und stellen die Erkenntnisse anderen zur Verfügung. Auf dieser Basis werden Verfahren ständig verbessert und erneuert. Überhaupt sind einheitliche Verfahren sehr wichtig, damit es nicht zu Missverständnissen kommt und zu Interpretationsfehlern. Darin liegt die eigentliche Kunst eines reibungslosen Fluges – in den Verfahren und Checklisten und der einheitlichen Kommunikation, dass jeder weiß, wovon die Rede ist und welche Arbeitsschritte bevorstehen. SOPs werden die einheitlichen Verfahren genannt, die gewissermaßen die Arbeitsgrundlage eines Piloten bilden. Diese festen Rahmenbedingungen ermöglichen Planbarkeit und geben Sicherheit. Letztere ist die oberste Priorität in der Luftfahrt. Um diese zu gewährleisten, müssen sich sämtliche Handlungen und Entscheidungen darauf ausrichten, auch wenn sie damit in scheinbarem Widerspruch zu anderen Zielen stehen, etwa Wirtschaftlichkeit oder Pünktlichkeit. Das gelingt umso besser, je mehr Wissen, Informationen und Training ein Pilot im Umgang mit seinem Flugzeug hat. Ein guter Grund, warum Piloten regelmäßig im Simulator Flugsituationen üben, jene die häufig vorkommen, aber auch solche außerhalb des Standards. Auf das Unvorhersehbare vorbereitet sein, Vorausdenken, den Überblick behalten, den eigenen Fähigkeiten vertrauen, das sind die notwendigen Säulen des Pilotenberufs. In 10.000 m Höhe kann man sich nicht seinem Schicksal ergeben, sondern muss aktiv steuern. Vielleicht erinnern Sie sich daran, wenn Sie das nächste Mal das Gefühl haben, in einer Situation festzustecken. Es gibt immer einen Weg zum Ziel. Daher tut man gut daran, seine Ziele zu kennen und sich in jedem Moment auf die eigenen Stärken zu besinnen.

Das können Sie tun, um sicher ans Ziel zu kommen:

- ✓ Ihr(e) Ziel(e) kennen.
- ✓ Das Wesentliche erkennen und sich darauf konzentrieren.
- ✓ Sich auf die eigenen Kernkompetenzen und Stärken fokussieren.
- ✓ Bei Routinearbeiten immer wieder innehalten, Zweck und Richtigkeit überprüfen.
- ✓ Prioritäten setzen, delegieren und Unwichtiges streichen.
- ✓ Entscheidungen treffen *und* umsetzen.
- ✓ Aus Fehlern lernen.
- ✓ Für störungsfreie Zeiten sorgen.
- ✓ Günstige Gelegenheiten (Slots) abwarten und nutzen.
- ✓ Interessen vertreten, notfalls mit starken Partnern und Gleichgesinnten.
- ✓ Auf Pausen achten, Aktivitäten und Regenation in Balance halten.
- ✓ Wahrnehmung schärfen, im Detail wie im großen Ganzen.
- ✓ Offen bleiben für neue Perspektiven.
- ✓ Fähigkeiten und Talente trainieren (wie Piloten im Simulator).
- ✓ Eindeutig und klar kommunizieren, auf den Punkt kommen.
- ✓ In nervenaufreibenden Situationen positiv denken.
- ✓ Sich selbst akzeptieren und heldenhaft gern haben.

Glossar

Abfertigungsagent Zuständiger Bodenmitarbeiter für die Abwicklung der Flugvorbereitung, Ansprechpartner für Piloten, kommuniziert und organisiert zwischen Piloten und Subunternehmen wie Catering, Check-in, Brückenfahrern, Beladern, Push back-Fahrern, Technikern.
Afterlanding Beisammensein nach Dienstschluss.
Airbus Flugzeugtyp.
Aircraft Acceptance Sheet Formular, das der Kapitän vom Techniker entgegennimmt und nach Prüfung aller technischen Funktionen unterzeichnet. Mit der Unterschrift liegt die Verantwortung für den technischen Zustand des Flugzeugs beim Kapitän.
All doors in flight Call out zur Bestätigung, dass alle Türen geschlossen und die Notrutschen in Bereitschaft sind.
All doors in park Call out nach der Landung, zur Sicherung der Notrutschen.
Altitude Call out für Unterschreitung oder Überschreitung von angewiesener Flughöhe.
AOG Aircraft on Ground, Flugzeug, das aufgrund technischer Mängel nicht starten darf und solange stehen bleibt, bis die Mängel behoben sind.
Aporetische Konflikte Konflikte, bei denen beide Parteien Recht haben und obendrein voneinander abhängig sind, typi-

scher aporetischer Konflikt im Flugzeug: wirtschaftlich *und* sicher zu fliegen.

Approach Anflug.

Außenposition Flugzeug, das auf dem Vorfeld parkt, Gäste werden mit Passagierbussen dorthin gebracht und abgeholt.

Autopilot Steuerungsautomat, entnimmt Daten aus dem FMS (siehe Flight Management System), fehleranfällig bei falscher Programmierung, entlastet Piloten von Routineaufgaben und schafft Kapazität für Navigation, Funken, Treibstoffberechnung etc.

ATPL Lizenz zum Fliegen, auch Pilotenschein.

Bank Call out für Schräglage.

Basis Dienstgebäude von Fluggesellschaften, in dem Verwaltung, Flugbetrieb, Ruheräume der Crews und Besprechungsräume für das Briefing untergebracht sind.

Birdstrike Dt. Vogelschlag, potenziell gefährlicher Zwischenfall, bei dem Vögel zum Beispiel mit dem Triebwerk kollidieren und je nach Größe erheblichen Schaden anrichten können.

Blackbox Flugschreiber, bestehend aus Flugdatenschreiber und Stimmenrecorder.

Boarding Einsteigevorgang.

Bobby Spitzname für Boeing 737.

Boeing Flugzeugtyp.

Briefing Dienstbesprechung vor jedem Flug mit der gesamten Flugzeugcrew.

Brücke Mobile Passagierbrücke vom Terminal zum Flugzeug.

Brückenfahrzeug Fahrzeug, das die mobile Passagierbrücke zum Flugzeug hin und vom Flugzeug weg bewegt.

Call out Arbeitsanweisung, Rückmeldung.

Catering Vorgang, bei dem das Flugzeug mit Speisen und Getränken beladen wird.

Cateringfahrzeug Mit Catering beladenes Fahrzeug, das am gegenüberliegenden Passagiereingang direkt an der Bordküche anlegt und Speisen und Getränke liefert.

Checker Trainingskapitän.

Checkflug Flug, bei dem ein Pilot auf seine Flugfähigkeit überprüft wird.

Check-in Einchecken, Abfertigung.

Clear Air Turbulence Abkürzung CAT, dt. plötzlich auftretende Turbulenz ohne sichtbare Wetterphänomene, führt zu einer ungewollten Höhenänderung, häufig im Bereich von Jetstreams, verursacht von Luftmassen, die sich mit stark unterschiedlicher Geschwindigkeit bewegen. Sicherster Schutz vor den unliebsamen Folgen: während des gesamten Reisefluges angeschnallt bleiben.

Cockpit Arbeitsplatz der Piloten im vorderen Flugzeugteil, durch die Cockpittür von der Kabine getrennt.

Cockpitbriefing Dienstbesprechung vor jedem Flug der Piloten untereinander.

CRM Crew Resource Management, Ausschöpfung aller an Bord befindlichen menschlichen Potenziale; auch Schulung für Flugzeugcrews in nichttechnischen Fähigkeiten wie Kommunikation, Konfliktlösung und Entscheidungsfindung.

Crewbus Bus, der die Crew vom Vorfeld zum Terminal bringt oder vom Flughafen zum Hotel, vom Hotel zum Flughafen.

Crewhotel Hotel, in dem die Crews untergebracht sind.

Crewmenü Essen an Bord, Piloten essen niemals dasselbe Menü, sondern bestellen unterschiedliche Gerichte, um im seltenen Fall einer verdorbenen Speise die Flugdurchführung zu gewährleisten.

Crosswind Seitenwind.

Debriefing Nachbesprechung des Fluges.

Dienstplan Monatlich erscheinender Einsatzplan.

Dienstbesprechung Siehe Briefing.

Durchstarten Abbruch des Landeanfluges und erneuter Steigflug, zum Beispiel wenn Hindernisse auf der Landebahn sind oder Wetterbedingungen eine Landung nicht zulassen. Entgegen landläufiger Meinungen ist ein Durchstartmanöver kein Notfall, sondern ein üblicher Vorgang, bei dem die Piloten die vollständige Kontrolle über das Flugzeug behalten.

Emergency Dt. Notsituation, in der besondere Verfahren angewandt werden.

Feedback Unmittelbare Rückmeldung, Sonderform ist das 360-Grad-Feedback, bei dem Vorgesetzte Feedback von den Mitarbeitern erhalten und umgekehrt.

Fehlerkultur Fehler werden als Basis für stetige Verbesserung gewertet, das heißt, Fehler werden akzeptiert, dokumentiert und ausgewertet sowie in regelmäßigen Ausgaben eines Flugsicherheitsreports zur Diskussion freigegeben.

First Officer Copilot.

Flugsimulator Attrappe eines Cockpits, in dem vollständige Flüge simuliert und trainiert werden können.

Flugbetriebsleitung Überwacht, steuert und dokumentiert Flugbetrieb, an gesetzliche Vorschriften gebunden.

Flugdienstzeit Zeit während der Dauer des Fluges sowie für Vorarbeiten und Nacharbeiten des Fluges an Bord des Flugzeuges

Flughafensicherheit Gewährleistung zum Beispiel durch beleuchtete Landebahnen, Markierungen, Windanzeigen, Leitsysteme; Voraussetzung für Start und Landung.

Fly the Aircraft Call out für „Das Wesentliche im Auge behalten – also das Flugzeug zu jedem Zeitpunkt sicher zu fliegen".

FMS Flight Management System, elektronisches Hilfsmittel zur Flugsteuerung und Navigation.

FO First Officer, siehe Copilot, erkennbar an drei Streifen auf der Uniform.

Follow me Fahrzeug, das dem Flugzeug zur Startbahn vorausfährt und nach der Landung den Weg zur Parkposition weist und beim Einparken behilflich ist.

FOR-DEC Model zur Entscheidungsfindung.

Fuelanzeige Tankanzeige.
Führungskompetenzen Siehe auch LCC.
Funken Der Flugfunk ist eine einheitlich formalisierte Sprachform zwischen den Funkstationen und den Piloten; die einzelnen Stationen haben jeweils eigene Funkfrequenzen, Piloten müssen während des gesamten Fluges per Funk erreichbar sein.
Go around Call out, der Durchstartmanöver ankündigt.
Hangar Wartungshalle.
Hierarchie Rangordnung, im Flugzeug sind Rangordnungen bewusst flach gehalten, jeder darf und muss sicherheitsrelevante Hinweise geben dürfen.
Holding Warteschleife aufgrund von hohem Verkehrsaufkommen.
Homebase Heimatflughafen eines Piloten.
Human Resource Management Teilbereich der Betriebswirtschaft, Personalmanagement.
I have control Ansage (siehe auch Call out) für die Übernahme der Kontrolle. Bei einem offensichtlichen Fehlverhalten des fliegenden Piloten ist der überwachende Pilot dazu angehalten, die Kontrolle zu übernehmen. Er kündigt dies mit der Ansage vorher an.
IATA International Air Transport Organisation, dt. Internationale Luftverkehrsvereinigung.
Incapacitation Ausfall eines Piloten während des Fluges, zum Beispiel aus medizinischen Gründen – in diesen Fällen greift ein Incapacitation-Plan, bei dem der verbleibende Pilot die Kontrolle übernimmt.
Jump Seat Zusätzlicher, mobiler Sitz im Cockpit, der bei Bedarf von einem weiteren Besatzungsmitglied, zum Beispiel einem Checker oder von fliegendem Personal als Reisesitz genutzt wird.
Kabine Innenraum des Flugzeuges, Passagierabteil, Arbeitsplatz der Flugbegleiter.
Kabinenbriefing Dienstbesprechung der Flugbegleiter, angelei-

tet durch die Purserette oder den Purser.

Kiss and Fly Stellplätze vor dem Lufthansa-Crewgebäude, Bring- und Abholplatz, Treffpunkt für Verabredungen.

LCC Leadership Competence Course, dt. Führungskräfteseminar, Führungskompetenz wird von Piloten erwartet und regelmäßig geschult.

Lizenz Voraussetzung, einen bestimmten Flugzeugtyp fliegen zu dürfen.

Loader Gepäckbelader.

Missed approach Anflug außerhalb der Standardnormen, zum Beispiel weil das Flugzeug nicht innerhalb einer Mindestflughöhe stabilisiert ist, und daraus resultierendes Durchstarten.

Napping Angekündigter Kurzschlaf während einer Langstrecke, maximal 20 min, der zweite Pilot übernimmt währenddessen die Kontrolle über das Flugzeug.

Outside Check Überprüfung des Flugzeuges auf äußere sichtbare Vollständigkeit und Unversehrtheit durch einen Piloten, meistens den Flugkapitän.

PF Pilot Flying, dt. Pilot, welcher den Flug durchführt.

PNF Pilot Nonflying, dt. Pilot, welcher die Flugdurchführung kontrolliert.

Priority landing Sofortige Landefreigabe aufgrund eines Zwischenfalls.

Purser Chefflugbegleiter, erster Ansprechpartner für Piloten in allen Kabinenbelangen, erkennbar an den Streifen auf der Uniform (ein breiter, ein schmaler – auf der Langstrecke ein breiter, zwei schmale).

Push back car Fahrzeug, welches das Flugzeug vom Gate wegschiebt.

Ramp Agent Siehe Abfertigungsagent.

Reiseflughöhe Übliche Höhe, in der der Reiseflug stattfindet, liegt bei 33.000 ft oder 10.000 m.

Request Planbarer Wunschflug im Dienstplan.

Seniorität Firmenzugehörigkeit in Jahren.
SFO Senior First Officer, zusätzliches Besatzungsmitglied im Cockpit auf Langstreckenflügen, erkennbar an drei Streifen auf der Uniform, wobei der dritte Streifen extra breit ist, in der Regel Copilot mit Zusatzqualifikation.
SOPs Standard Operation Procedures, dt. standardisierte Verfahren, Arbeitsschrittfolgen, stellen Vollständigkeit und Reihenfolge von Abläufen sicher, erleichtern die Kommunikation.
Sicherheitskultur Wesentlicher Bestandteil der Firmenphilosophie von Fluggesellschaften.
Sicherheitsutensilien An Bord befindliche Gegenstände für Notfälle wie medizinischer Notfallkoffer, Schwimmwesten, Sauerstoffmasken, Feuerlöscher, Rauchmelder.
Speed Geschwindigkeitshinweis.
Stand by Rufdienst, Pilot muss innerhalb von 60 min startklar sein.
Suggestivfragen Fragen, die die Antwort bereits enthalten, zum Beispiel „Beträgt die Flughöhe 6000 ft?" Suggestivfragen sind fehleranfällig, da der Antwortgeber unter Zeitdruck automatische Antworten geben könnte. Besser sind offene Fragen wie beispielsweise „Wie lautet die Flughöhe?"
Take off Start, Abheben.
Tankentscheidung Entscheidung über die Mitnahme von Kerosin, wird von beiden Piloten vor dem Flug getroffen, abhängig von Wetter, Route, Beladung, Zielflughafen und Ausweichflughäfen.
Tarifverhandlungen Verhandlungen um Gehälter, Übergangsversorgung, Altersversorgung.
Terminal Flughafengebäude.
Tower Funkturm.
Touch down Aufsetzen des Flugzeuges.
Trolley Rollwagen, in denen die Menüs und Getränke verstaut sind.

Type Rating Musterberechtigung, berechtigt zur Steuerung eines bestimmten Flugzeugmusters, Voraussetzung für den Einsatz eines Piloten auf einem Flugzeugtyp.

Unbemanntes Flugzeug Ohne Besatzung navigierendes Flugzeug, durch einen Computer an Bord oder per Fernsteuerung vom Boden aus gesteuert (Drohne).

Uniform Einheitliche Dienstbekleidung, Dienstgrad mithilfe von Streifen und Schulterklappen erkennbar.

Vereinigung Cockpit Abkürzung VC, unabhängige deutsche Pilotenvereinigung.

Windscherung Plötzliche scharfe Änderung der Richtung oder/und der Geschwindigkeit des Windes.

Literatur

Aron, A., Dutton, D. G., Aron, E. N., & Iverson, A. (1989). Experiences of falling in love. *Journal of Social and Personal Relationships, 6,* 140–160.

Kahnemann, D. (2012). *Schnelles Denken, langsames Denken.* München: Siedler.

Kahnemann, D., Slovic, P., & Tversky, A. (2013). *Judgement under unvertainty: Heuristics and biases.* Cambridge: University Press.

Roth, G. (2001). *Fühlen, Denken, Handeln. Wie das Gehirn unser Verhalten steuert.* Frankfurt a. M.: Suhrkamp.

Scheiderer, J., & Ebermann, H.-J. (2010). *Human Factors im Cockpit. Praxis sicheren Handelns.* Heidelberg: Springer.

Schulz von Thun, F., Zach, K., & Zoller, K. (2012). *Miteinander reden von A bis Z: Lexikon der Kommunikationspsychologie.* Reinbek: Rowohlt.

Schweizer, G., Plessner, H., Kahlert, D., & Brand, R. (2011). A video-based training method for improving soccer referees' intuitive decision-making skills. *Journal of Applied Sport Psychology, 23,* 429–442.

Schweizer, G., Plessner, H., & Brand, R. (im druck). Training von Schiedsrichterentscheidungen. In K. Zentgraf & J. Munzert (Hrsg.), *Kognitives Training im Sport.* Göttingen: Hogrefe.

Seligman, M. E. P., & Csikszentmihaly, M. (2000). Positive psychologie. *American Psychologist, 55,* 5–14.

Sharot, T. (2014). *Das optimistische Gehirn: Warum wir nicht anders können, als positiv zu denken.* Heidelberg: Springer.
Slovic, P. (2010). *The feeling of risk. New perspectives on risk perception.* Routledge: Chapman & Hall.
Wilson, P. R. (1968). Perceptual distortion of height as a function of ascribed academic status. *Journal of Social Psychology, 74,* 97–102.

Weiterführende Literatur

Csikszentmihalyi, M. (2012). *Flow. Das Geheimnis des Glücks* (16. Aufl.). Stuttgart: Klett-Cotta.
Freeman, J. B., Stolier, R. M., Ingbretsen, Z. A., & Hehman, E. A. (2014). Amygdala responsivity to high-level social information from unseen faces. *The Journal of Neuroscience.*
Frey, D., & Irle, M. (2002). *Theorien der Sozialpsychologie* (Bd. III). Bern: Huber.
Gigerenzer, G. (2008). *Bauchentscheidungen – Die Intelligenz des Unbewussten und die Macht der Intuition.* München: Goldmann.
Gladwell, M. (2005). *Blink! Die Macht des Moments.* Frankfurt a. M.: Campus.
Gardner, H., Csikszentmihalyi, M., & Damon, W. (2008). *Good work. When excellence and ethics meet.* New York: Basic Books.
Heckhausen, J., & Heckhausen, H. (2010). *Motivation und Handeln.* Heidelberg: Springer.
Heider, F. (1977). *Psychologie der interpersonalen Beziehungen.* Stuttgart: Klett.
Hörmann, H.-J. (1994). Urteilsverhalten und Entscheidungsfindung. In H. Eißfeldt, K.-M. Goeters, H.-J. Hörmann, P. Maschke, & A. Schiewe (Hrsg.), *Effektives Arbeiten im Team: Crew Resource-Management-Training für Piloten und Fluglotsen.* Hamburg: Deutsches Zentrum für Luft- und Raumfahrt.

Slovic, P., Finucane, M., Peters, E., & MacGregor, D. (2002). Rational actors or rational fools: Implications of the affect heuristic for behavioral economics. *Journal of Socio-Economics, 31,* 329–342.

Watzlawick, P. (2006). *Die erfundene Wirklichkeit. Wie wissen wir, was wir zu wissen glauben?* München: Piper.

Zeug, K. (2013). Wozu die Schufterei? *Handelsblatt Karriere, 3,* 14–15.

Sachverzeichnis

3W Regel 77
360-Grad-Feedbacksystem VI, 69
360-Grad-Feedback-System 77

A

Aaron, A. 110
Abfertigungsagent 121
Adrenalin 109
Afterlanding 4
Agpar, V. 42
Airbus 11
Aircraft Acceptance Sheet 121
Aircraft on ground (AOG) 66
Airline 48
Airline-Witze 11
Angestellte 114
Angst 110
Ankommeritis 29
Anmachsprüche 11
Anschlussflug 16
Ansprechpartner 68
Anwesenheitsschlaf 35
AOG (Aircraft on ground) 66
Arbeitsbelastung 127
Arbeitsphase 43
ATPL 111
Attributionsgesetz 56
Aufmerksamkeit 34
Ausbildungskapitän 20
Auslastung 16
Auswahlverfahren 67
Ausweichflughafen 39
Autofahrer 34
Autopilot 34, 59

B

Bahnmitarbeiter 47
Bar 11
Beamer 56
Beschleunigungskraft 109
Black Box 69
Boarden 121
Boarding 17
Boeing 11
Bold pilots 23
Bordingenieur 72
Briefing 80

Brückenexperiment 110
Brückenfahrer 122

C

Call out 62
Charterflug 39
Checker 105
Checkliste 43, 67
Clear Air Turbulence 38
Cockpit V
Confirmation Bias 29, 74
Copilot 20
Crew Check-in 2
Crew Resource Management VI, 68

D

Deutsche Bahn 46
Deutsche Lufthansa VI
Dienstplan 100
Dienstplanänderung 120
Dienstschluss 114
Disco 11
Doppelstockbett 29
Drehkreuz 93
Druckabfall 35
Dumpingpreis 48
Durchstarten 4
Durchstartmanöver 39
Dutton, D. 110

E

Egelsbach 39

Eindruck, erster 20
Einsatzplanung 120
Einsteigevorgang 17
Einstellung, positive 116
Eisenhower, Dwight D. 6
Eisenhower-Prinzip 6
Emergency 93
Entscheidung 52
Entscheidungsprozess 126
Erfahrung 20, 30
Experiment 89
Expertise 116
Extrasprit 93

F

Fahrtwind 34
Fahrwerk 27
Fatigue-Syndrom 34
Feedback 74, 76, 126
Fehler 56, 126
Fehleranalyse 58
Fehlermanagement 57
Feierabend 114
Firmenzugehörigkeit 100
Fleming, A. 57
Fliegerweisheit 23
Flight Management System 27
Flotte 93
Flugbegleiter 12, 43, 67, 82
Flughafen 16
Flughafensicherheit 99
Flughöhe 3
Flugsicherheit 52, 58

Flugsicherheitsreport 58
Flugsimulator 104
Flugzeugkabine 86
Flugzeugmuster 10
Fly the Aircraft 6, 126
FOR-DEC-Modell 52, 126
Fotoalbum 88
Frankfurt/Main Flughafen 10
Frühwarnsystem 30
Frustrationstoleranz 116
Fuel-Flow-Anzeige 27
Führerscheinprüfung 104
Führungskompetenz 82
Führungskraft 82
Funkansage 34

G

Gänseschwarm 52
Gebirge 26
Geburtshelfer 42
Gefühl 89
Gehirn 26
Gepäckabteil 16
Geschirrspülmaschine 11
Glaubenssatz 30
Glück 114
Glücksfaktor 115
Gnom 21
Go-around 4
Grundprinzip 126

H

Halo-Effekt 89
Handgepäck 17

Handzeichen 82
Hangar (Wartungshalle) V
Hängebrücke 110
Hannover 27
Helden 86
Heldenmythos 87
Herzklopfen 110
Hierarchie (Rangordnung) VI, 72
Hinflug 80
Hoffnung 28
Höhenlimit 62
Holding 93
Hudson River 52
Hudson River Landung 21
Human Factor (menschlicher Faktor) VI
Human Resource Management VI

I

ICE 10
Illusion 26
Incapacitation 105
Information 66
Instrumentenlandung 22
Internationale Luftaufsichtsbehörde (IATA) 74

K

Kabinenbriefing 121
Kabinenvorbereitung 67
Kahnemann, D. 88
Kapitänin 20

Kerosin 80, 92
Kerosinverbrauch 27
Kiss and Fly 2
Klischee 4, 87
Kommunikation 62, 66, 72
Kommunikationstraining 74
Kompliment 11
Kompromiss 92, 94
Kondition 34
Konflikt, aporetischer 92
Konsens 94
Konzentration 29
Körpergröße 89
Kredit 114
Kreta 27

L

Landung 2
  harte 4
  priorisierte 93
  weiche 4
Leidenschaft 115
Leistungsfähigkeit 35
Lizenz 58, 111
Luftfahrbranche 16
Luftfahrt 48
Luftmasse 38

M

Manager 115
Mindesthöhe 22
Mindestruhezeit 4
Missed approach 4

Mitreisende 17
Monatsrequest 120
Mond 26
Müdigkeit 35

N

Nachtflug 34
Napping 34
Nebelbank 39
Nickerchen 34
Notausgang 43
Notfallration 92

O

Objektivitätsregel 76
Old Pilots 23
Optimism Bias 28, 30
Optimismus 88
Outside-Check 121

P

Passagier 108
Pause 29
Penicillin 57
Perspektive 30
Pilotenschein 114
Pilotensprache 63
Pilotenvereinigung Cockpit 58
Pilot Flying 80
Pilotin 11
Pilot Nonflying 80
Plan B 31
Planbarkeit 127

Sachverzeichnis

Playboy 12
Präsenz, akustische 49
Priorität 127
Privatleben 116
Programm, mentales VI
Pünktlichkeit 17
Purser 68, 81
Purserette 68
Push Back Fahrer 122

Q
Qualität 117

R
Radtour 26
Rahmenbedingung 127
Reaktion, automatische 38
Redundanz 67
Reiseflug 3
Risiko 23
Risikoeinschätzung 90
Rosa Brille 28
Routine 22
Routineaufgabe 116
Rückflug 80
Rückmeldung 76
Ruhezeit 29

S
Safety first 112
Sauerstoffmangel 29
Sauerstoffmaske 29
Schlafbedürfnis 34
Schlafkabine 29
Schräglage 62
Schuhladen 54
Schwimmweste 81
Screening 42
Segelflieger 38
Segelflugverein 114
Seitenwind 39
Seniorität 100
Service 17
Sharklets 11
Sharot, T. 88
Shoppen 52
Sicherheit 68, 127
Sicherheitsabteilung 58
Sicherheitsansage 43
Sicherheitsbriefing 81
Sicherheitsutensil 17
Sicherheitsvorkehrung 43
Sichtlandung 22
Sichtverhältnis 39
Sidestick 11
Simulator 38, 104
Sinkflug 29
Slot 16, 67, 68
Slovic, P. 89
Standardablauf 22
Standard Operation Procedure 43
Stand-by-Block 120
Start 109
Startzeit 16
Statussymbol 89

Stereotyp 20, 21
Steuerhorn 11
Stewardess 4, 16
Streik 98
Stressor 31
Strömungsabriss 38
Strömungsunterschied 38
Sullenberger, C.B. 22

T

Tankuhr 27
Tankvorgang 122
Täuschung 26
Techniker 121
Testverfahren 39
Tomatensaft 69
Trainerduo 81
Training 104, 127
Trainingskapitän 105
Traumberuf 114
Treibstoff 92, 93
Treibstoffverbrauch 27
Trimm 122
Tunnelblick 28, 60
Turbulenz 38
Type Rating 111

U

Unfallstatistik 22
Unfallursache 72, 74
Unfallvermeidung 74

Uniform 10, 89
Urlaub 53

V

Veränderung, positive 116
Verdrängungswettbewerb 48
Vereinigung Cockpit (VC) 99
Verfahren 23
    abnormales 42, 43
    normales 42, 43
    standardisiertes 42
Verhalten 56
Verkehrsaufkommen 16
Verlader 16
Verliebtheit 110
Vertrauen 39, 86, 108
Vertrauenswürdigkeit 20
Vielflieger 109
Vorurteil 20

W

Wachstum 16
Wahrnehmung 29
Wahrnehmungsperspektive 26
Warteschlange 16, 93
Werkzeug 126
Wetter 34
Wetterradar 72
Wien 27
Willenskraft 110
Winglets 11

Wirtschaftlichkeit 93
Wohlfühlfaktor 68
Wortmeldung 49

Z
Zentrum für Luft- und
 Raumfahrt 52

Zielfixierung 31, 60
Zug 46
Zürich 22
Zwischenlandung 27

MIX
Papier aus verantwortungsvollen Quellen
Paper from responsible sources
FSC® C105338

If you have any concerns about our products,
you can contact us on
ProductSafety@springernature.com

In case Publisher is established outside the EU,
the EU authorized representative is:
**Springer Nature Customer Service Center GmbH
Europaplatz 3, 69115 Heidelberg, Germany**

Printed by Libri Plureos GmbH
in Hamburg, Germany